解鎖尼的冷姿勢

尼胖 著

前言

親愛的讀者早安、午安、晚安,安安,我是尼胖。

出版社要我生出這篇前言出來,目前字數不夠,所以要再多打幾句。

這本書的出生,完全是個意外,每個夜晚的努力不懈,畫筆來來回回,指尖進進出出,終於有了這本書,希望你可以喜歡這個孩紙。

尼胖在此由衷地感謝你,很開心你購買這本書,並告知你這是個不幸的開始,因為書中收錄了很多不營養的冷知識及作者不負責任的荒謬幹話,你可能會被這些亂七八糟的圖文創作嚇到驚慌失措、月經失調、家庭失和,甚至還可能會讓你笑到大小便失禁,如果身邊有尿布的話,請記得穿上並斟酌服用本書。

目錄

003　前　言

第一章　**我很機歪**

01　選擇性聆聽的男友　011
02　密碼輸入錯誤　013
03　說謊的男人　015
04　有錢人都使用長皮夾　017
05　好奇心害死人　019
06　愛打翻東西的貓　023
07　懶惰的人更有效率　025

第二章　**我很爬代**

01　洗澡唱歌更好聽　029
02　衛生棉大樓　031
03　用蛋糕驅魔　033
04　神奇衛生棉條　035
05　用聲音調味　037
06　房間太冷做惡夢　041
07　失戀會變大方　043
08　海盜眼罩的祕密　045
09　你其實沒這麼好看　047
10　酸民小心了　049
11　擦口紅是女巫　051
12　皮包錢越多越能找回來　053
13　到廁所看書吧　055
14　燈泡不能放在嘴裡　057
15　男人更容易被天打雷劈　059

第三章　**我很奇怪**

16　與辣椒決鬥吧　061

17　在晚上告白吧　063

18　用嘴巴孵蛋　065

19　聞咖啡會變聰明　067

20　討厭數學是一種病　069

21　翹小拇指不是娘　071

22　打遊戲讓你更聰明　073

23　你也喜歡汽油味嗎　075

24　空姐愛放屁　077

25　蟑螂最不挑食了　079

26　看鏡子吃飯食慾大增　083

27　愛也有墨菲定律　085

28　天晴更容易成功　087

29　用Mojito治病吧　089

30　可以幫幫忙嗎　093

01　你會不會也喜歡我　097

02　滴滴皆辛苦　099

03　鯨魚遊樂園　101

04　巧克力是藥品　103

05　打火機比火柴更早被發明　105

06　唇膏吃到飽　107

07　金魚釀酒師　109

08　前任的愛液　111

09　孤獨ATM在南極　113

10　木星下鑽石雨　115

11　海星有好多眼睛　117

12　刮黑板與求生本能有關　119

13　魚的聽力其實很好　121

14　喜不喜歡一個人，0.1秒就知道　123

15　用蘋果示愛　125

16　偷情會讓心臟病發作　129

17　聞香蕉瘦起來　131

18　婚姻拯救者　133

19　女人比男人更能分辨顏色　135

20　女人比男人更會哭　137

21　羽毛球比F1賽車快　139

22　水有43億歲　141

23　網球與沙子　143

24　不斷產出的耳屎　145

25　蘋果可以治療腹瀉　147

26　香蕉是蚊子的好朋友　149

27　紙無法折超過9次　151

28　心跳會同步　153

29　聰明人的頭髮其實不一樣　155

30　威士忌其實是透明的　157

31　狐狸並不狡猾　159

32　手機也會怕冷　161

33　這樣充電手機會壞掉　163

34　月球的溫差　165

35　男生更快說出「我愛你」　167

36　衛生紙上的壓花　169

37　蝸牛的眼睛　171

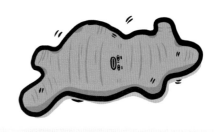

第四章　**我很變態**

01　一起做愛治頭痛　177

02　一起接吻減肥　179

03　來一份吐司夾月經　181

04　來一份精液蓋飯　183

05　最愛呷汁了　185

06　雞雞有多大　187

07　跨性別戀情　189

08　酒後亂性是騙人的　191

09　品行獨特的蝴蝶　193

10　用生殖器打架　195

11　女生喜歡男生炒飯的叫聲　197

12　一起打飛機　199

13　胖子愛愛比瘦子更持久　201

14　男生尿尿也需要衛生紙　203

15　吃大便治病　205

16　精蟲是奧運選手　207

17　割包皮　211

18　驚悚的理髮院招牌　213

19　用尿漱口　217

20　你不知道的奧運選手　219

21　保險套不能亂放　221

22　販賣情趣用品犯法哦　223

23　保險套超大容量　225

24　男人解錯胸罩了　227

25　妹妹變黑的原因　231

26　大部分的女人都假高潮　233

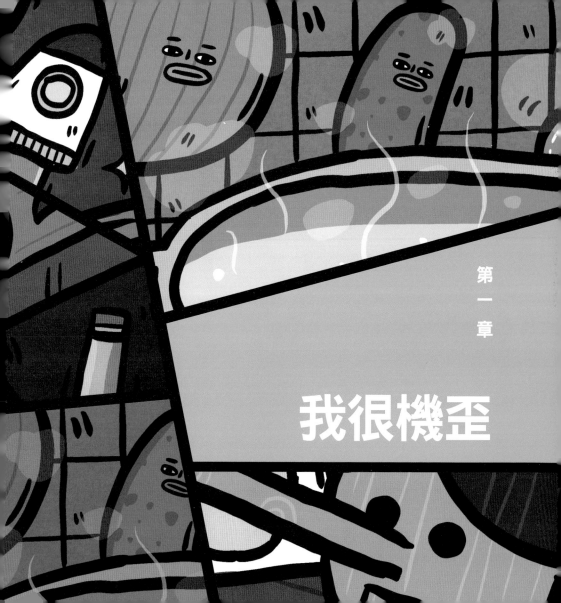

第一章

我很機歪

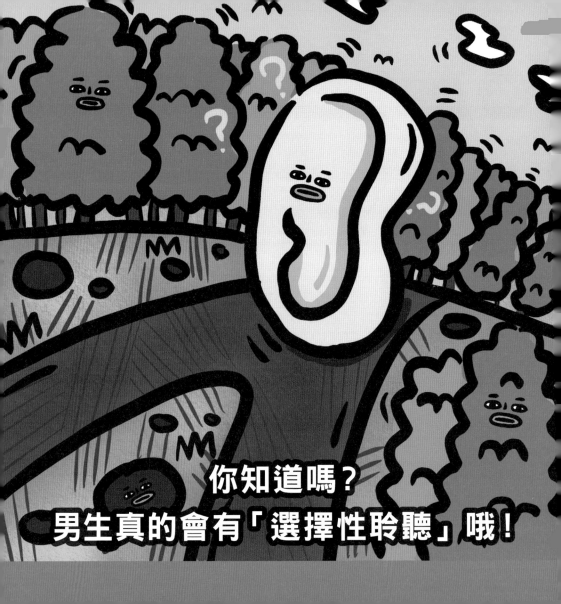

「衣服掛好。」「去洗碗啦！」「襪子撿起來！」這些話相信大家都不陌生，女生說出這些話，男生普遍沒有反應，跟稻草人一樣，但是女生們請別生氣，男生這樣是有科學根據的哦！

英國研究發現，原來男生與女生都會忽略另一半說的話。研究團隊邀請了 2000 名成年人，並且調查他們與另一半的溝通情況，結果發現，3／4 的英國人認為伴侶有「選擇性聆聽」的情況：男生平均一年會忽略伴侶說話 388 次，女生平均一年則會忽略伴侶說話 339 次。

參與研究的對象當中，超過一半的人為伴侶的聽力感到擔憂，更有受訪者表示，對方的聽力是真的不太好。而對於伴侶聽不到自己講話的情況，1／3 的人表示，會特別注意自己講話時的咬字，希望對方能夠知道自己的意思。47% 的人表示，自己的伴侶喜歡喃喃自語，總說著自己聽不到的話，或是根本不想自己聽到。

貼心提醒你長期忽略聽力下降的問題，會導致情緒不佳、溝通問題，甚至出現生活失能、夫妻失和等等的情況，不容忽視！記得定期帶另一半進行聽力測試。

●○● 我將抽一位粉絲，讓你在另一半碎念時，開啟抗噪模式。

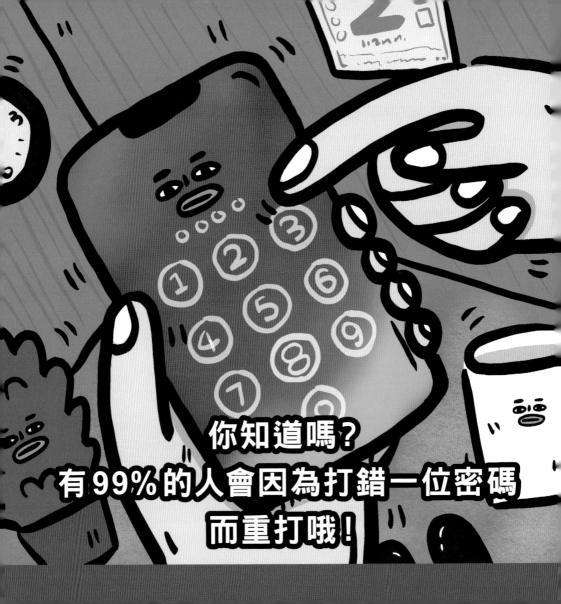

我想這件事情在大家的生活中常常上演吧！

就算只輸入錯一個密碼，大部分的人都會選擇全部刪掉重打。我們可以熟練地輸入密碼這件事，是屬於一種肌肉記憶的表現。

人體的肌肉是有記憶效應的，當同一種動作重複多次之後，自然而然就會形成條件反射，就像使用鍵盤熟練之後可以盲打，不用透過視覺來處理反饋鍵盤上的文字一樣。

我們輸入密碼時也是一樣的，當人體運用肌肉記憶時，腦袋的參與度就會下降，而當腦袋意識到錯誤時，自然會停止輸入，肌肉記憶一旦中斷，就很難繼續下去。

與其不確定哪個字元輸入錯誤，不如重新來過更省時省力。

●○● 我將抽一位粉絲，直接鎖住無法解鎖。

你今天說謊了嗎？研究發現，我們都活在謊言之中，因為每人每天都會說謊。已婚伴侶之間，每10次對話，就會說1次謊，跟單身人士互動，每3次對話，就會有1次在說謊。

人們與陌生人談話的開頭10分鐘，說謊的機率是平時的3倍。而男人一旦談到「自己」時，說謊的機率更是直衝8倍高。

一項研究調查了2000位英國人，發現男性平均每天說謊6次，一生說謊12萬次，是女性的兩倍。同時也調查出，男性最常撒的謊是「我沒有醉」「我也愛你」「手機不通」。

想看出對方是否說謊，可以看他們的肢體語言表達，說謊者會故作鎮定、言語過分正經、講話加油添醋、直視著你或快速眨眼，如果你的男人有以上的舉動，別懷疑，他可能就是在說謊。

03

說謊的男人

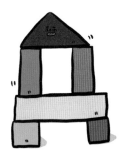

●○● 我將抽幾位粉絲，說謊那裡變長。

第一章　我很機歪

15

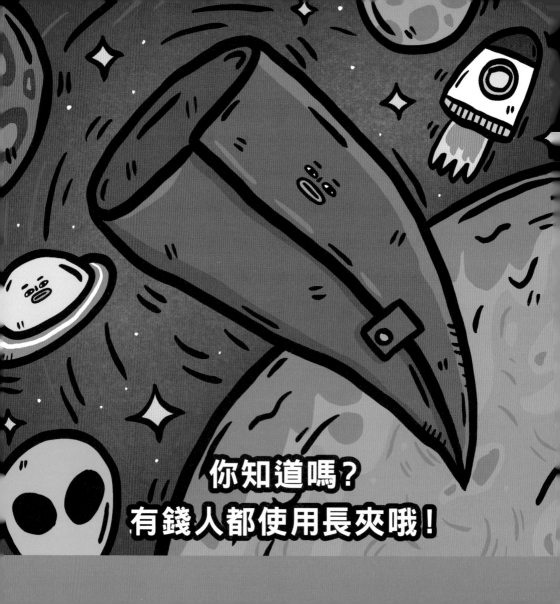

除了鑰匙和手機，相信大家每天出門的必備品還包含了錢包，錢包內放有現金，提款卡，信用卡等與金錢相關連的物品，因此它是一個人出門全身上下最聚「財氣」的地方。有專家指出，就像「面相」或「手相」，也有所謂的「錢包相」，有些錢包漂亮有質感，表面光滑具光澤感，但也有些錢包被磨損到變色、脫線、凹折變形。

根據理財專家統計，成功人士、長期賺大錢的企業老闆幾乎都是使用「乾淨、漂亮有質感的長皮夾」。如果把鈔票比喻成人，皮夾就是他的家，誰想要彎腰駝背，皺巴巴地被折在裡面呢？長皮夾對於鈔票來說，是一個很舒適的場所。好的錢包就像五星級飯店，如果你把這些錢當作VIP客人一樣對待，整齊地將它們攤平不亂折，就能吸引金錢不斷造訪，也能反映出你對它們的尊重。一名日本財務大神曾說：「錢其實是有靈性的。」看到一個人的錢包等於看到他對待金錢的方式以及態度，進而擴及到生活方式，甚至影響個人財力多寡，就像是衣著打扮會改變一個人的行為舉止或待人方式，也影響了別人對你的看法。

●○● 我將抽一位粉絲，把你的皮夾變長。

「好奇心可以殺死一隻貓」這句話大家一定常常聽到,西方傳說貓咪有九條命,怎樣折騰都不會真正死去,而到了最後的第九次時,往往都會死於自己的好奇心。

不只貓咪,好奇心也會誘惑人類傷害自己,簡單來說就是有點手賤。一位研究好奇心的心理學教授就指出了好奇心可能驅使人們做出自毀的行徑。

美國研究團隊做出幾項實驗,他們請受測者欣賞一些很無聊的影片,沒想到他們都不願觀看(好叛逆)。

但是當研究團隊承諾,若看了影片,就會請魔術師在影片結束時變一個魔術,沒想到願意參與的人數大量增加。另一項實驗是,研究人員在電梯間貼了一些問題,而在樓梯間貼上答案,結果走樓梯的參與者大幅增加,好奇心驅使人們找出問題的答案。

研究團隊甚至提供了一堆筆,清楚地跟受測者說:「這裡有一半以上的筆,按了會觸電。」結果顯示,每個人都抱持著「我不會被電啦!」的想法平均被電了五次……

好奇心其實是一把「雙面刃」，它是人類的天性，有好的一面也有不好的一面，如果你能好好利用好奇心，或許它能成為你尋求知識的動力、創造力和想像力，但是好奇心得保持一定的限度，不該知道的就不要去觸碰它，就像你明明知道鍋子裡有滾燙的熱水，那你就不要手賤地想去摸摸看，有男友的女生，妳就不要因為好奇，想隨便去外面玩看看。

●○● 我將抽一位粉絲，用手摸看看滾燙的熱水。

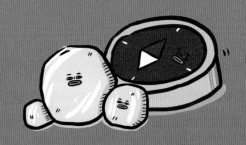

貓，又稱之為喵星人，有特立獨行、直來直往以及難猜的個性，有些喵星人易怒，有些則溫馴，這一切得依據他們的基因以及貓奴們的馴養技巧來決定。人類養貓的紀錄可追溯到一萬年前，當時養貓的目的是獵捕老鼠，保護農作物不被吃掉，近世紀才開始有人類當作寵物來飼養。

廣大的貓奴們，有被你們家貓主子折磨過的經驗嗎？最常出現的狀況就是桌上的東西全部被打到地上，當我們連忙整理時，牠又跑去其他地方作亂……為什麼貓這麼愛打翻東西呢？因為牠們喜歡「沒事找事做」，而且還一臉不屑。好奇心殺死一隻貓，貓的天性就是好奇，當牠們覺得無聊時就會開始找事做，手賤玩耍一下，順便吸引貓奴們的注意，傳遞「朕餓了，啥時放飯」之類的訊息給鏟屎官。貓咪生來就是個捕手，獵捕是牠們的本能，當貓咪抓到某些東西時，會用自己帶有銳利爪子的手手，不安分地給他拍下去打下去、抓一抓再撥一撥，以天性來說，牠們其實是在確認獵物「死」了沒。即使喵星人後來知道那個物件不是獵物，還是會因為好奇跟無聊去展現「手賤」的那一面。

●○●我將抽一位粉絲，
　　手賤地抓一抓撥一撥，確認躺在你身邊的另一半還活著。

急著上班、急著打卡、急著交報告，忙忙碌碌中也無形增加了壓力，當你想做好一件事時，不妨放慢速度、慢慢開始，讓心情處於輕鬆狀態，用最簡單的方式，反而能讓事情更快速地完成。

比爾蓋茲曾經說過：「我讓懶人做困難的工作，因為懶人總是能夠找到最簡單的方法完成任務。」過去工廠的搬運工需要依賴人力，於是有個懶惰的人，在木板裝上了輪子，發明了手推車，大大減少搬運時所需要的力氣，但手推車還是有些費力，於是又有一個懶惰的人在推車上裝了引擎，發明了拖運車，但拖運車感覺操作有點費時，於是又有一個懶惰的人發明了電動輸送帶，從此工廠營運從傳統人力演變成全自動機械，效率大大提升，人類的惰性正是進化的動力。

勤奮的人專注於投入，懶惰的人更注重於效率，減少麻煩和困擾。

懶惰不是廢物，而是用另一種思考模式，讓事情可以更順利、更快速地完成。

07

懶惰的人更有效率

●○● 我將抽一位粉絲，讓你變懶惰，完成不可能的任務。

第二章

我很爬代

有什麼事比洗澡時高歌一曲還要爽？

打開水龍頭，調整到適當的水溫，播放周杰倫的專輯，來一首＜千里之外＞享受浴室裡你是唯一的歌手，也是唯一的聽眾！

為什麼浴室唱歌更好聽？這是因為浴室牆面堅硬，聲音不易吸收，並不斷反射造成擴散，而且浴室環境像是「諧振腔」的功能，它會放大聲音中的特質跟頻率，讓你的聲音聽起來更有磁性、更低沉也更飽滿，修正得更好聽，今晚洗澡高歌一曲吧！

●○● 我將抽一位粉絲，
　　　你家浴室辦演唱會，讓大家欣賞你的歌聲。

女生好辛苦，根據世界衛生組織的數據，如果以12歲來初經，又以平均值45歲停經，女生會有33年的月經人生。而一個女人一生大約會用掉15000片衛生棉，換算成樓層的話，大概是13層樓那麼高！

在這邊也分享關於衛生棉的小常識：

1.衛生棉不常換容易生病

女生大姨媽來，是身體最脆弱的時候，相對外陰的抵抗力較弱，細菌與病菌很容易入侵身體。由於經血的因素，外陰會保持潮濕的環境，這也有利於細菌、黴菌、病毒滋生，一旦衛生棉使用時間過長、來不及更換，就會讓病菌滋長。

2.不要買過多衛生棉以及注意日期

購買衛生棉時，請注意日期，避免一次買太多。由於衛生棉採用高溫消毒的生產方式，日期越近，品質就越有保障。生產日期越遠的話，無菌的保障也會消失。在家裡備用幾片就好，不要浪費錢了。

●○● 我將抽一位粉絲，入住衛生棉蓋的大樓。

第二章 我很爬代

老一輩的人認為生日當天不要出遠門、爬山或靠近河流水域，因為在這天，人的靈氣最薄弱，容易發生危險。而在中古世紀的歐洲也認為生日當天，人最容易被邪靈入侵。

當時歐洲人認為，生日是一個生命剛來到世上的第一天，因為脆弱，必須要加以保護，阻止惡魔入侵。所以，親朋好友會在壽星身邊提升他的靈氣並為他祈福，同時送上神聖之物 —— 蛋糕，來驅魔避邪，生日蛋糕也進而被沿襲至今。

但我想砸完蛋糕，壽星會更像魔鬼吧……

第二章 我很爬代

●○● 我將抽一位粉絲，用蛋糕驅逐魔鬼。

月經，又稱大姨媽、好朋友，是女性每個月都得面對的頭痛人物，一出現就是一個禮拜左右，非常擾人！當經期來時，常使用的「武器」有衛生棉、衛生棉條、月亮杯。

而今天要提的衛生棉條非常神奇，能讓妳的大姨媽趕快閃邊去！

衛生棉條，是一種純棉質圓柱體，在月經來潮時，放在陰道內吸收經血，可使用時間也較長。經血在緩緩排出體外時，棉條就已經將它們吸收了，這時妳會感覺量變少了，經期時間也縮短了。

但衛生棉條並不會影響經期規律，只是吸收比較快，而它的直徑也才一根手指頭，每天用陰道也不會變鬆。

●○● 我將抽一位粉絲，直接停經，省時省錢又省力。

當你聆聽著鋼琴聲、提琴聲以及爵士鼓的敲擊，會讓你聯想到什麼？

音樂其實可以影響你的心情及味覺！當你在吃飯時，聆聽特定的音樂確實能夠影響味道！

研究中，受測人員先後吃一塊一模一樣的巧克力，同時聆聽兩種不同的音樂，當聽到鬱悶的音樂時，會感覺巧克力比較苦，而播放歡樂的音樂時，會感覺巧克力比較甜。

而在一場品酒實驗中，受測者被分配到不同布置的房間品嘗威士忌，受試者表示，在綠色房間內聽著英國夏天原野的聲音時，威士忌嘗起來有青草芬芳氣息，在紫紅色房間內聽著輕快鋼琴樂曲的威士忌嘗起來味道較甜，在木造房間內聽著腳踏枯枝落葉的聲音和低音大提琴的樂曲時，威士忌嘗起來味道醇厚。

但受測者品嘗的都是同一瓶威士忌，不同的音樂有明顯不同的感受。

音樂真的這麼神奇嗎？心理學家表示，其實音樂沒辦法憑空創造出味道，但卻可以讓你產生聯想，進而達到改變食慾，這就是真相啊！

●○● 我將抽一位粉絲，吃著巧克力蛋糕，聆聽尼胖大便的聲音。

根據研究顯示，人一年平均做1460個夢。做夢是一種人體正常的生理和心理現象，在入睡後的一小時內，一部分的腦細胞仍在運作，而那就是夢的基礎。當一個人睡不好時，就會使大腦更加活躍，夢境也就更加「生動」，在這個狀況下，可能就會造成多夢和惡夢的狀況。

做惡夢有很多原因，可能是因為過度焦慮與壓力、睡覺的環境沒有安全感、另外一半跟你吵架冷戰、飲酒和藥物影響等等，根據估計，大約有2～8%的成年人因為做惡夢，沒辦法得到真正的休息（幫哭哭）。此外，做惡夢其實跟房間溫度也有很大的關連，人在睡眠時，中心體溫會先降低0.6～0.8度，若是環境溫度太低，人體的血管也會跟著收縮，讓身體增加負擔，進而影響睡眠品質。

在睡覺時感受到冷，不只會增加做惡夢的機率，更會影響到身體其他地方，例如：血液循環變差、肌肉或肩膀僵硬、頭痛、關節痛……所以，在睡覺前調整好房間內的溫度、將冷氣定時、哄好哄滿另一半、蓋好棉被都能增加你做好夢的次數喔！

●○● 我將抽一位粉絲，夢裡出現妖怪。

一段戀情的結束也可以代表是一個新的開始，很多女生在失戀後，都會有一些跟平常不一樣的舉動，行屍走肉過生活是一種，每天打扮美美地出門揮霍是一種。當你身邊的女性朋友突然變得超級大方起來，不坐捷運改搭計程車、不在乎價錢，看到喜歡就買、菜單只挑主菜單點而完全略過今日套餐……那麼請幫我好好關心她。

心理學家表示，女生在失戀後，會找尋適合的發洩管道，不管是吃美食、做瑜伽、血拚或是做紙紮人，其實都可以讓一個人慢慢遺忘悲傷，進而轉移注意力。生死學大師提到，悲傷分為五個階段：否認、憤怒、討價還價、沮喪到最後的接受。不管你現在在哪個階段，都已經在邁向新生活的康莊大道上了。

失戀之後大買特買不是只會出現在電影情節中。研究顯示，「瘋狂購物」是最療癒，也是最撫慰人心的失戀治癒法。逛街血拚其實是女性的生物本能，透過擁有物品來獲得親密感，這些購物習性已經成為女人的生理反射動作，特別是在失戀後，「再買就剁手」已經不存在於女性的字典裡了。

●○● 我將抽一位粉絲，讓你失戀，用購物袋提滿空空的雙手。

大家都知道虎克船長的外貌：單眼戴眼罩，有著一隻鐵鉤手。但海盜為什麼總是單眼戴著眼罩？難道是因為他們的眼睛都受傷或失明嗎？

其實不是，根據眼科醫生指出，人類眼睛從黑暗到光線充足，只需要短短幾秒就能恢復視力，而光明到黑暗，因為眼睛需要重新生成色素，需要至少25分鐘才能適應。

如果一下子陷入黑暗爆發戰鬥，海盜就準備喝孟婆湯了……所以海盜單眼戴上眼罩戰鬥時，只要將眼罩換到另一隻眼睛，原本遮住的眼睛就能立刻適應黑暗，有助於看清躲藏暗處的敵人，救自己一命了。

●○● 我將抽一位粉絲，
眼睛戴上紅色胸罩，讓你看見好久不見的親人。

鏡子由於存在光線與角度的差異，所以會與現實中的自己產生差距，你實際看起來並沒有這麼好看！科學研究表示這種差距幾乎高達三成以上。

既然實際的樣子比鏡子醜，為什麼還會有人說「本人比照片好看」呢？在心理學有個概念，稱為「曝光效應」，意思是，當一個人出眾的點引起外界注意時，自己也就會被這一個特點吸引，之後對這個人的印象，便會從這個點展開。

例如：有個人一直被人稱讚眼睛很大很美，當我們看他的照片時，會自動將其形象補充並美化，根據印象而調整看法，所以有時人類的眼睛真的就像濾鏡呢！

●○● 我將抽一位粉絲，拿照妖鏡照出你的原形！

「酸民」是指網路上發表尖酸刻薄言論，不在乎事情對錯的網民，他們的評論不是為了檢討事情的缺點，而是為了重傷對方，進而得到成就感，但他們不知道的是，這樣的行為可是會影響到自己的健康的！

美國研究指出，總是愛跟人爭辯、起衝突、有侵略性的人，更容易罹患心血管疾病！美國對5614名測試者進行調查研究，發現那些自認較具有侵略性、容易動怒、有高敵意的測試者，比起自認和藹可親、樂於助人的人來說，頸動脈的血管壁更厚。

而血管壁增厚，是造成罹患心血管疾病的危險因子，也就是說，這些憤世嫉俗的網路酸民，正是罹患心血管疾病的高危險群！

⑩ 酸民小心了

第二章　我很爬代

●○● 我將抽一位粉絲，把你的雞雞變成60公分，屌打那些酸民。

進入中世紀，西方社會深受基督教文化影響，大部分的歐洲人為虔誠的信徒，羅馬天主教勢力龐大，由教會支配下的社會狀況可以形容為黑暗，所以這世紀也被稱為「黑暗時代」及「信仰時代」。

教會譴責任何形式的化妝，脣膏、眉筆、眼影統統都不行！因為當時的社會風氣崇尚自然就是美，紅色的嘴脣被認為與撒旦有關，女性擦口紅會被視為「女巫」，在那個時代，沒有任何女性敢在嘴脣上塗色，只有當時潤脣的脣油才能被允許，因此會有女性會偷偷在脣油加入顏色，或是刻意咬嘴脣，讓嘴脣看起來更紅潤。

而當時被認為是女巫是相當慘的，還曾發生過一場獵巫行動，不僅針對女巫，對於塗紅脣看起來像女巫的，以及如果妳孤僻、太醜陋，還養了一隻黑貓，那可能也會被認為是女巫，處以火刑。

●○● 我將抽一位粉絲，把你送到中世紀，展開逃命。

在路上看到千元大鈔，你是否會直接一個箭步衝去踩住，然後裝什麼事也沒發生地撿起來呢？看看四周後，再把它放入自己的錢包，接著去吃大餐或是去把妹，母湯哦～

「歸還錢包」是在2013年施行的人性測試。美國密西根大學進行了這項實驗：他們在全球40個國家、335座城市中，故意掉了1萬7000個皮夾，這些皮夾裡故意放10～100美元不等的現金、一把鑰匙、一張用當地語言寫的購物清單、三張名片，當然也包括失主的聯絡電話。

密西根大學在公布這項實驗結果之前，隨機訪問了近300位的美國人，有92％的人認為錢包都不會被歸還（天啊！人類真的這麼可怕嗎？）實驗結果一出來，令大家跌破眼鏡（加上綜藝摔）。原本以為會被路人占為己有的皮夾，事實上裝多一點錢的皮夾有72％被歸還，那些比較少錢或是沒裝錢的皮夾歸還率分別是61％和46％。

實驗結果也發現，「皮夾歸還率」和一國的收入水平與人民水準有著強烈的相關，國家越貪，要物歸原主就越難。嗯……然後實驗的最後一名：中國的歸還率僅有8～20％。

●○● 我將抽一位粉絲，在路上撿到紅包，不用歸還（飄～

你今天大便了嗎？上大號是每天都要做的事情，但是現代人壓力大，好幾天才大一次的大有人在。不少人習慣在上大號時滑手機、看漫畫、閱讀各種報章雜誌，本來10分鐘就可以結束的大便行程，往往視情況都會拖到半小時以上。

站在醫學的角度來看，上大號時，確實有助於頭腦吸收資訊，而且記憶力會比平時還要好。

這個原理是源自於很自然的人體現象，當我們在便便的時候，下半身會處於緊繃狀態，體內的血液會因為這股壓力自然地往腦部衝去，大腦獲得充足的供血，運轉靈活，進而讓當下的記憶力加深。而且廁所是一個封閉空間，會使身體放鬆，加上安靜的環境，注意力就更集中了。

溫馨提醒：嗯～便便的時間還是控制在適當的範圍內是最好的，研究證實，10 ～ 15分鐘以內結束，才能避免直腸靜脈曲張，減少痔瘡誘發的機率，拉的時間越長，越容易發病。

還是好後悔高考沒蹲廁所讀書，不然尼胖早就是臺清交大的校友了。
●○● 我將抽一位粉絲，在廁所關緊閉，考上臺清交。

第二章　我很爬代

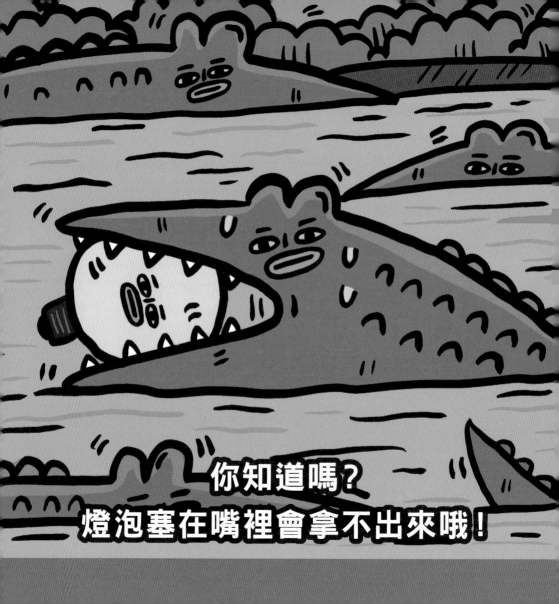

不是所有的東西拿了都可以往嘴裡塞，放開那顆燈泡！在許多國家，例如英國，燈泡的包裝紙盒上都會寫著警語：請勿將燈泡放進嘴裡。你或許會對這個看似有點沒必要的警語感到困惑，不知道它存在的意義是什麼，因為誰會沒事把燈泡塞在嘴裡？那麼你就有所不知了，其實一堆人會把燈泡塞進嘴裡，它甚至還曾是個紅極一時的挑戰……但要把塞進嘴裡的燈泡拿出來，很多人都以失敗收場。

燈泡的構造前大尾小，當你塞進口腔之後，牙齒會順著燈泡弧度卡在最窄的地方，舌頭也會被燈泡壓迫到沒有活動的空間，這時候硬拉的話，有可能會導致牙齒鬆弛、關節腔發炎，最嚴重可能會使燈泡會在口腔內破裂，碎片被你吞進胃裡前，會先沿路刮傷你的食道。而且當你張大嘴巴到極限的時候，面部肌肉會因為過度擴張，造成肌肉僵硬……臉麻了，嘴巴是要怎麼再開啦？

一般人口腔上下顎的開合大概是介於3.5～4.5公分之間，寬度能達到5.5公分的極限，硬塞一個直徑6公分多的燈泡，除非你是魯夫，吃了橡膠果實，不然燈泡才不會讓你隨隨便便地能進能出！

●○● 我將抽一位粉絲，獲得小燈飾，真的讓你體驗能進能出。

美國的一項數據顯示，在過去13年內因雷擊而死亡的人中，有82%是男性，根據全世界1400筆案例中，男性遭雷擊的占比更高達87%，是不是因為這些男性真的太渣，而遭老天爺懲罰了呢？

以科學角度切入解釋，男人雖然真的比女人花心、犯罪率高於女人，但閃電是不可能分的出要劈的是男是女吧？其實有兩種更科學的方式可以解釋這一切。

男人之所以常被雷劈，主要因為男人喜歡往外跑，像是釣魚、登山、野營、工作或戶外探險等，因為雷劈的事件幾乎都發生在戶外，所以被雷劈的可能性就很大。

另外一種說法是，男人大多雄性激素分泌旺盛，體毛相當茂密，導致皮膚乾燥，自身帶有比女人更強大的電荷，說男人是一根行動避雷針一點也不為過，先死的一定是男人。

尼胖也呼籲所有男性，不要在閃電的時候接電話、不要在大樹下躲避閃電、不要在外面偷吃劈腿，否則你將會死得很難看。

●○● 我將抽一位粉絲，被閃電擊中，獲得閃電俠的能力。

火鍋我都吃辣的，麻辣鍋我都點大辣，許多人超愛吃辣，不吃辣就渾身不對勁，甚至挑戰如地獄般的辣。但辣味其實不是屬於味覺，而是一種痛覺。喜歡吃辣的八成都有自虐傾向吧（？

吃辣椒時，辣椒素會先刺激舌頭與嘴巴末梢神經，當這些器官的痛覺受器感受到灼熱，會把訊息傳導致大腦，促使大腦釋放止痛的腦內嗎啡，就像你在戀愛時那種愉悅、做愛時那種快感，所以一時吃辣一時爽，一直吃辣當然也就一直爽了。

其次，當大腦感受到痛覺，會命令全身戒備，這時心跳會加速、唾液以及汗液分泌會增加，而味覺細胞接觸到辣椒素會更加敏感，更能感受到食物的美味，所以你會發現有些食物加辣會更好吃！

不過吃辣雖然爽，為了健康，有心血管疾病的患者應該少碰為妙，因為辣椒素會使血液循環量增加、心跳加快，誘發心跳過度等致命風險，而罹患慢性胃炎、胃潰瘍、食道炎的患者如果常吃辣，會刺激傷口、增加疼痛感。想吃辣，還是得惦惦自己有幾兩重哦！

●○● 我將抽一位粉絲，三餐都吃辣椒，讓你痛爽到翻掉。

你會選擇在白天告白，還是晚上？電視上的浪漫橋段總是選在晚上，是否曾經想過這個靈感從哪裡來？這時就不得不提人體上最神奇的神經了——自律神經。它又可分為「交感神經」與「副交感神經」。

白天時，交感神經活躍，這時我們會比較「理性」，適合處理工作等事務；夜晚則是副交感神經活躍的時間，這時人類會比較「感性」，容易對浪漫等相關事物產生共鳴。專家也表示，白天寫信告白的成功機率極高，但如果要面對面告白則可以選擇晚上，加上晚上也是一天當中身心最放鬆的時刻，所以內心也相對自在，自然想幹嘛的就容易成功（喂～

另外也補充感情結合棒球的術語：
一壘：接吻。
二壘：隔著衣服愛撫。
三壘：觸碰腰部以下敏感地帶。
本壘：休幹啦。

第二章 我很爬代

●○● 我將抽一位粉絲，
　　　把你整型成金城武或林志玲，不用告白直接本壘。

在澳洲昆士蘭有一種叫做「胃育蛙」的蛙類，黃綠色的外表讓牠們看起來跟其他蛙類沒什麼兩樣，但牠們生寶寶的方式可就不同囉！

我們先講講一般蛙類的生殖方式。蛙類每年會出現的時間，大部分正值繁殖季節，雄蛙會用鳴叫吸引雌蛙過來，雄蛙越會叫，雌蛙就越喜歡、越興奮，蛙類沒有交配器官，受精方式為體外受精，為了順利受精，雄蛙會爬到雌蛙身上，用前肢緊緊夾住雌蛙腹部，促使牠排卵，然後再排出精子和卵結合，成為受精卵。大部分蛙類會將卵產入水中，讓卵在水中孵化後，蝌蚪便能直接在水中生活。

那麼胃育蛙和一般蛙類有何不同呢？當精子與卵子結合後，雌蛙會直接將卵吞進胃裡孵化，一般來說，胃會分泌強酸以分解食物，這樣卵真的沒問題嗎？原來，蛙卵會分泌一種物質，可以促使雌蛙胃部停止分泌胃酸，這段期間，雌蛙也會停止進食，在蛙卵孵化成蝌蚪後，牠們也會釋出阻止胃酸分泌的黏液。蝌蚪在胃裡發育大概需要6週的時間，變成蛙寶寶後，蛙媽媽會將牠們從胃裡吐出來。

●○● 我將抽一位粉絲，將蛙卵吞進胃裡，孵出蛙寶寶。

咖啡是全球最受歡迎的飲料之一，很多人每天早上都要來一杯，但由於不是每個人都能接受咖啡，或是攝取太多會造成身體負擔，可是現在有研究指出，咖啡不只用喝的可以提神，用「聞」的也可以提神，還可以變聰明？

研究人員制定了10道題目，讓100名學生作答，其中一組在充滿咖啡香氣的教室作答，而其他組在沒有香氣的教室作答，測試後發現，聞到咖啡香氣的學生分數，比沒有聞到香氣的學生分數更高，經過多次的測試，結果還是一樣的。

雖然專家說咖啡用聞的就有提神的效果，但每天早上都要喝一杯香濃咖啡暖暖胃的尼胖，只能聞不能喝真的太可惜了！喜歡喝咖啡的你，也建議一天最多三杯，過多可能會造成身體上的負擔，這樣就得不償失了。

●○● 我將抽一位粉絲，考試邊作答邊聞咖啡。

數學總是學不好、數學成績吊車尾，一直報名補習班，數學成績就是沒起色，總覺得是因為自己很笨的關係……其實你不是笨，你很有可能罹患了一種病，叫「計算障礙症」，又稱數盲症。

計算障礙症有點類似閱讀障礙，患者不只是數學表現不佳，對數字、計算有更多的理解障礙，比如1、2、3、4……數到超過10時，就必須停下思考，很容易忘記自己數到哪裡，但他們的智商並不低，其他科目也沒有因此受影響，只是算數學時，比同年齡的人更加艱難。

不僅如此，對於數字感知能力也相對比正常人更為薄弱，有時無法說出房間裡有幾個人，看到數字也無法馬上說出該數字。為何患有計算障礙症的人，經常會因為數字而感到焦慮，不喜歡計算，看到數學就起雞皮疙瘩。

有研究團隊對那些患者進行腦部掃描，他們發現當患者算數學時，與疼痛有關的腦區會啟動，就如臉上被揍了一拳般疼痛難受，所以算數學會感到不舒服，是有根據的！

●○● 我將抽一位粉絲，用數學題目懲罰你。

當男人舉起酒杯、麥克風、飛機杯時，那可愛的小拇指微微翹起，總是被笑「娘砲」。事實上這跟人體構造有很大的關係哦！因為運動科學專家表示，翹起小拇指拿東西會更省力。

為什麼會翹起小拇指？根據研究，用手拿起東西大致可分成「抓」與「握」兩個動作，大家可以試試用左手握著右手手臂，接著讓右手做出「石頭」與「布」的動作，就會發現右手手臂外側肌肉的用力區塊差異：「布」是手臂外側肌肉在用力，「石頭」則是手臂內側在用力，這也代表內側的肌肉負責讓手指彎曲，外側肌肉讓手指伸展。

由於「握」比「抓」需要更多力氣，於是當我們發覺物體的重量不需要花太大力氣拿的時候，就偏好用「抓」的，手臂外側肌肉一旦用力，小指就會自然地跟著翹起來了！

對一個拿麥克風的人來說，翹小拇指可以特別省力，所以別再笑人家娘砲了！

●○● 我將抽一位粉絲，做什麼都翹小拇指，讓你更省力。

相信同學們最常被父母唸的就是「快去念書，打什麼電動玩具！」「快吃飯啦，遊戲按暫停啦！」「還玩？小心我給你沒收！」放學回家，第一件事就是打開電腦、打開電視，開始打遊戲，但其實，愛打電動的孩子比一般不打電動的孩子更聰明哦！

研究測試，以兩款遊戲「英雄聯盟」與「DOTA」，這類遊戲結合戰略思維和快速反應，都是屬於較為複雜、需要社交互動、對智力要求較高的類型，這項研究將玩家的遊戲等級與智商進行比較後，發現遊戲中，表現越好的玩家，智力測驗分數也就越高。

同樣以西洋棋為主體的類似研究，也得到相同結論：傳統遊戲也是可以來衡量智商的。

不過打電動雖然好處多多，但也要記得適量、適可而止，不要玩物喪志、作業不交、考試不看書被當掉、被老師罰站，這就不酷了。

●○● 我將抽一位粉絲，狂打遊戲不睡覺，打到變智障。

騎車到加油站，總會把口罩拉下來，多吸這些讓身心愉悅的氣味，多想賴著不走，把油加到滿出來為止，這種刺鼻的芬芳，並非每個人都喜歡，因為它有一種「汽味」。

先了解一下汽油的大概成分，它是一種化合物，由許多成分組成，包括潤滑劑、防凍劑、防鏽劑，以及數百種碳氫化合物，碳氫化合物又包含丁烷、戊烷、異戊烷，以及苯、甲苯、乙苯、二甲苯，而汽油中的味道主要來自「苯」。

「苯」在汽油中扮演著提高引擎性能、燃油效率的角色，苯有種甜味，刺激性強，但缺點是它其實是一種致癌物，長時間吸入，將會對身體造成傷害。

而喜歡上汽油味也有一種說法，因為汽油味可能會讓人想起小時候跟家人出遊，到加油站加滿油準備出去玩個三天兩夜，引起一種舒適、懷舊、安心的感覺，喚醒出遊的回憶。

（23）

你也喜歡汽油味嗎

第二章　我很爬代

●○● 我將抽一位粉絲，到加油站打工，天天吸到飽。

空服員無時無刻在機艙走動，深怕遺漏乘客的需求，得即時提供服務，但李組長眉頭一皺，發現事實並不單純！

其實空服員只是為了放屁而起來走動，因為當飛機爬升到一萬公尺高空時，已經超越一般人可承受的氣壓，這時候機艙內壓力也開始變化，如果沒有適度減壓，會造成不舒服的情況產生，當人體在空中時，腸道的產氣量是在地面時的2倍，機艙內壓力影響空氣膨脹，再加上廚房等小空間通風不佳，空服員才會假借在服務的走動過程中放屁。

很多空服人員承認真的是這樣，所以如果哪天真的遇到空服員在你面前放屁，請不要責怪他們，因為當空服員真的很辛苦！

根據空服員的分享，他們也會在搭機前避免吃蘿蔔、薯類、黃豆、汽水等容易產生氣體的食物，避免自己腹脹、胸悶、腸胃不適等問題，減少飛機上放屁的機率。

當機艙味道實在是一發不可收拾，空服員也會拿出裝有咖啡渣的袋子，當空氣中瀰漫咖啡的香味，就可以吸收掉屁味囉！

●○● 我將抽一位粉絲，獲得機票，聞聞空服員的香屁。

一個展翅飛過來，能讓一個硬漢瞬間落荒而逃的狠角色——蟑螂。生活中最常見的害蟲，全世界幾乎沒有人喜歡牠，痛恨到極點的一個生物，就算殺光90％的牠們，剩下的10％也能繼續繁衍，跨世代交配，數量無限大增長。

據資料顯示，全球已發現大約4000多種蟑螂，其中臺灣原生蟑螂就占80種，常見的如德國蟑螂、美洲蟑螂。德國蟑螂體型短小，常出沒在廚房，是愛吃鬼蟑螂，美洲蟑螂體型較大，主要出沒在洗手間，是個變態色鬼蟑螂。

蟑螂繁殖能力強大，以德國蟑螂為例，蟑螂出生2個月，開始有生育能力，一生交配6～7次，一次可以產下40顆卵，這280顆卵待孵化、成年後，又可以互相交配。

也就是說，一隻母蟑螂就可以繁殖千萬隻後代，而美洲蟑螂就算只有雌性，也能單性生殖。

蟑螂為雜食性昆蟲，糞便、垃圾、血液、體液、「吳柏毅」，都是牠們喜歡的食物，甚至是木頭、衣服、報紙、書本也可以是食物之一，當

食物不足時，還會互相殘殺，啃食同類屍體。

在水源充足情況下，蟑螂可以存活90天～1年，室溫環境下不吃不喝，可以存活7～10天，有水但無食物則可以存活42天，真的不愧是小強。

●○● 我將抽一位粉絲，吃蟑螂拯救世界，成為大家的英雄。

大家一起吃飯，東西好像變好吃了，一不小心就多吃了一碗，是因為心情好吧？吃飯能夠有互動，邊聊邊吃所以才吃的多。其實有研究指出，並非這個因素，而是因為「鏡子」。

有個實驗讓測試者與一個陌生人一起吃巧克力，過程中兩人沒有互動，即使如此，測試者仍然覺得比起自己一個人，更覺得有趣好吃。難道有人在我們面前吃東西，才讓食物變得好吃、讓我們吃更多嗎？

日本做了個有趣的實驗，研究者設計了兩個小隔間，兩個隔間同樣都擺上桌子與椅子，不同的是，一隔間桌上擺上了一面鏡子，而另一個隔間桌上擺了一個螢幕，螢幕呈現的是一面牆壁的照片，測試者輪流在不同隔間吃爆米花，並評分兩個隔間的爆米花哪個好吃，結果發現他們一致覺得鏡子隔間的爆米花比較好吃，也吃了最多。但明明爆米花都是一樣的⋯⋯

●○● 我將抽一位粉絲，
　　　帶著鏡子去吃米其林餐廳，吃爆你的荷包。

何謂墨菲定律？舉例來說，你的皮夾放著千元大鈔，生怕別人知道，於是每隔一段時間就去摸它，看鈔票是不是還在，而這樣規律的動作引起了小偷的注意，於是最後被小偷偷走了，即使沒被偷走，摸著摸著鈔票也會不小心掉了。

墨菲定律的適用性非常廣泛，它表示一種獨特的社會現象，「越是害怕，事情就越可能發生」。

大學上課時，某堂課的教授幾乎不點名，而你也不蹺課，但卻剛好在某一天，同學揪你去附近的檳榔攤看奶奶，你也答應了，心想不會這麼倒楣吧？結果真的就被點名了。

不只生活，戀愛中也有「墨菲定律」，像是遇到一個挑戰性極高的對象，比如彭魚晏、謝津燕，你越怕得不到對方，就越得不到，或你越怕失去對方，就越會失去！

了解墨菲定律後，不妨用全新的角度看待事情，時時刻刻往好處想，事情可能就會順利發展！

●○● 我將抽一位粉絲，找謝津燕。

動力火車在＜風光明媚＞這首歌唱道：「那兒風光明媚，溫暖的陽光，湛藍的海水。」在陽光明媚的日子，女生更願意答應求愛者！

法國一所大學的心理學博士做了一項研究，他在大街上隨意挑出18～25歲單身女紙，隨後讓一群帥哥在氣溫18～22度的條件下去搭訕她們，在風光明媚的天氣裡，超過20%女紙願意給手機號碼。

而在陰天，僅有13.9%女紙願意接受搭訕，經過統計學分析，研究者做出的結論：天氣確實與搭訕的成功率有著密切關係，年輕的女性在陽光晴朗的日子，更願意把自己的電話號碼給搭訕者。

天氣好，心情就好，心理開放程度較高，相容度大，對別人的態度就會開放很多，想當然女生就更容易接受男生的搭訕；陰雨天心情處於煩悶狀態，就連搭訕的人可能都比晴天少很多，所以單身男紙們，追女生前先看一下天氣預報吧！

●○● 我將抽一位粉絲，雨天搭訕，收收好人卡。

＜Mojito＞這首歌相信大家都不陌生，是亞洲天王周杰倫的歌曲，紅遍大街小巷，也是酒吧最經典、最暢銷的必點調酒之一，但你知道Mojito的由來嗎？它居然跟海盜有關！

在講Mojito之前，先簡述一下古巴殖民歷史。15世紀末時，西班牙人登陸古巴，坐上16世紀日不落帝國的寶座，當時擴張版圖的不只有西班牙人，還有大英帝國，當時也嘗試登陸西班牙的版圖。

Mojito的前身是一款名叫El Draque具有醫療功效的調酒，它的命名來自一位英國爵士Sir Francis Drake，他是伊莉莎白一世授權出航，且當時最有名的航海家，因為航海技術高超，試圖登陸西班牙版圖數次，被西班牙視為海盜，並懸賞2萬金幣（相當於800萬美金）捉拿。

這麼厲害的爵士還是有弱點的，當時他的許多士兵都得了痢疾與壞血病，在無充足的醫療資源下，獲得古巴原住民的協助，原住民調製了含有薄荷（減緩腸胃不適）、萊姆（補充維生素C改善壞血症狀）、甘蔗糖，與chuchuhuasi樹做出來的萊姆酒，後來這款酒也被爵士命名為El Draque，那為什麼叫Mojito呢？

Mojito是非洲話與西班牙文的結合，Mojo在非洲話是「神奇、有吸引力」的意思，而西班牙語習慣字尾最後一個母音去掉，改成ito，變成小小的、可愛的意思，而變成Mojito。

直到20世紀中，海明威在古巴遊歷期間，說出他喜歡哈瓦那一間酒吧的調酒Mojito，於是從那一刻起，Mojito開始流行，聲名大噪。

●○● 我將抽一位粉絲，喝酒治病。

你是否害怕開口尋求幫忙會惹人討厭？其實剛好相反！尋求幫忙會讓你更討人喜歡！實驗中，一位名叫「波依德」的先生迎接一群大學生，一開始波依德先生刻意表現出不友善的樣子，並請他們作答預先設計好的題目，答對即可獲得獎金，且故意讓學生都能全部答對。

有三分之一受測者在拿到獎金後，被要求填寫問卷，問題是「你覺得波依德先生這個人怎樣？」另外三分之一的受測者，祕書則攔下他們，並解釋心理學系其實非常需要這筆獎金，而所有測試者也同意繳回獎金。剩餘三分之一的受測者，波依德先生則親自找他們，並提出請求：「能幫我一個忙嗎？實驗基金已用完，今天這筆獎金是我自掏腰包來完成實驗的，是否能將獎金繳回，當作是幫我一個忙？」

同樣的，三組受測者都同意，並填寫了對於波依德先生的好感度問卷，實驗結果發現，以1到最高分12分，第一組平均分數是4.8，第二組平均分數是4，第三組平均分數是7.6。也就是說，當波依德先生尋求幫忙，對方也就越喜歡他。當你喜歡一個人時或許可以尋求他的幫忙，讓他更喜歡你哦！

●○● 我將抽幾位粉絲，幫尼胖一個忙，讓你更喜歡尼胖。

第 三 章

我很奇怪

妳會以為是不是自己犯了什麼錯，才讓男人對妳產生誤會，使妳遭受這種不公平也說不清的惡劣待遇？

為什麼男人總是喜歡誤以為女生對他有意思呢？其實啊，這並不是女人的錯，而是男人很容易產生「這個女人一定對我有好感」的錯覺。講白了，就是男人比女人更會犯「花痴」。

有科學家曾提出項研究，他們找了一對男女性受測者進行交談，結果發現男性受測者比女性受測者更容易感受到性關係發生的可能性，即使一般人際往來，也會讓他們感受到錯覺。

但如果男人認為女人沒有受到他的吸引，其實女人對他有好感的狀況下，這項誤判讓男人付出的代價，是丟失一次性交與繁衍的機會。

同樣是錯誤的判斷，但是相較之下，後者付出的代價比前者大得多，所以男人很容易產生認知上的偏差，導致他們「寧可錯殺一百，不可放過一個」的做法，使他們高估女人受到他們吸引的程度。如果對對方男性沒有感覺，請讓他知道。

●○● 我將抽一位粉絲，喜歡尼胖。

你知道嗎？
蜜蜂一生採的蜂蜜只有一湯匙哦！

「花蜜」是植物花蕊中60%～80%的甜液或分泌物，蜜蜂將花蜜存入自己的胃中，在體內化酶的作用下經過30分鐘發酵，吐到洞中，經過5～7天35度的蒸發濃縮，使水分減少至20%以下，再使用蜂蠟密封洞口儲存，最後變成了我們所食用的「蜂蜜」。一隻蜜蜂生命只有短暫的40天，而牠一生能採集到的蜂蜜也只有一湯匙。

蜂蜜加熱並不會產生毒素，所以可以用於烘培、熱飲，但高溫會使大部分營養成分遭受破壞，通常建議這樣使用：

1. 用冰水或常溫水沖成飲料，也經常在麵包或烤餅上直接塗抹。

2. 在咖啡或紅茶等飲料中，可以代替糖做為調味品使用。蜂蜜的主要成分之一——果糖在高溫時不容易感覺到甜味，所以在熱的飲品中添加蜂蜜時要注意不要過量。

3. 燒烤時加入蜂蜜，甜味和色澤會更好。

4. 在醫藥上，可以用於治療咳嗽，做為外用藥，蜂蜜可以促進傷口癒合，治療潰瘍。

5. 從蜂巢中搾取蜂蜜後剩下的蜂巢的主要材料是蜂蠟，由工蜂所分泌，用來製作蜂巢。蜂蠟可以用來做為蠟燭、塗料等。

●○● 我將抽一位粉絲，跟尼胖一起去採蜜。

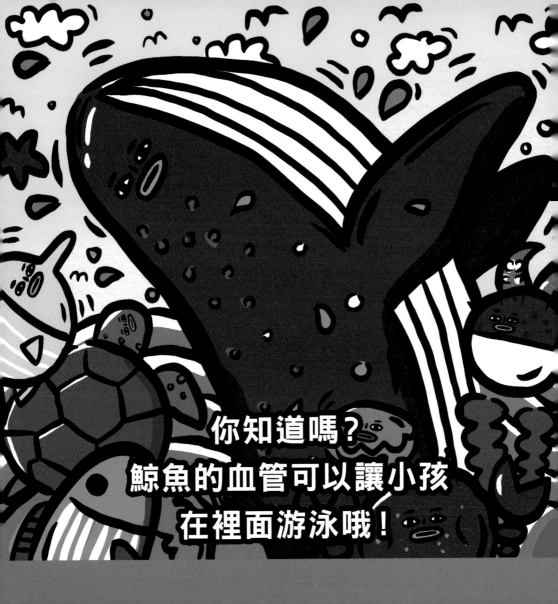

藍鯨，是屬於鬚鯨小目的海洋哺乳動物。不僅是地球上現存體型最大的動物，也是地球史上最大的動物，長超過33米，重達177公噸。

藍鯨的身軀瘦長，背部呈青灰色，但有時在水中看起來，顏色會比較淡，目前已知藍鯨至少有三個亞種。與其他鬚鯨一樣，藍鯨主要以小型甲殼類（例如磷蝦）與小型魚類為食，有時也包括魷魚。

藍鯨的心臟跟小客車一樣大，血管直徑大到可以讓小孩子游泳，舌頭大約重2.7公噸，當它全部伸展開來時，可以攫取90公噸重的食物與海水。即使擁有這樣巨大的嘴，藍鯨的喉嚨仍然無法吞下沙灘球那樣寬的物體。

對鯨魚而言，身體附近的水幾乎維持等溫，而在極區的水溫非常低，為避免過度的體溫散失，脂肪就是鯨魚的祕密武器。堆積在皮膚深處的脂肪形成鯨脂，功能就如同大衣或潛水衣一般，具有相當好的隔熱效果，可以防止體溫散發到體外。其皮脂的厚度因為生活的區域不同而有所區隔，生活在北極的鯨類曾有厚達50公分的紀錄哦！

●○● 我將抽一位粉絲，跟尼胖一起去游泳。

你知道嗎？
巧克力早期是藥品哦！

巧克力並不是一直以來都被視為普通的甜食，它在十七世紀從美洲傳入歐洲時，被視為一種「罕見的神祕物質」。最一開始，歐洲人認為這種物質是從遙遠的危險國度傳進來的，不該被歸類為食物，所以大部分的人都把它當作藥物而不是食品，十八世紀時，甚至還有許多醫師激昂地警告大眾不可濫用巧克力，而這時期的巧克力，也必須經過藥劑師和醫師開立處方籤，以及規定使用劑量才能使用。

後來經過研究，巧克力具有極高的營養價值。英國人開始相信巧克力具有神奇的療效 ──「保證可以治癒所有人的毛病」，法國人也認為肉湯的營養價值都低於巧克力，而早期墨西哥皇帝甚至認為巧克力有壯陽的效果，因此每次到妻子的臥室前，都會來上一點。

巧克力的其他功效還包括幫助消化、止咳、利尿、潔牙等。十八世紀時，更被加在梅毒患者的痔瘡藥膏中，或製成寄生蟲感染的解毒劑。

第三章　我很奇怪

●○● 我將抽一位粉絲，用巧克力幫你治療痔瘡。

一般來說，打火機比起火柴，更需要先進的技術來製造，發明的順序應該是火柴在先，接下來才是打火機，但事實恰恰相反，打火機確實比火柴早出生了幾年。

在1823年，一位德國化學家發現氫氣遇到鉑棉會起火，激起了他製造打火機的念頭，經過幾番嘗試後，他成功製造出世界上第一部打火機，但它的體積龐大，就像早期的「黑金剛手機」一樣，不好攜帶。玻璃外殼的設計也導致這部打火機容易碎裂，造成硫酸溢出或外洩。簡單來說就是有許多缺點，所以並沒有普及。而火柴呢？在1826年，一位英國化學家把氯化鉀和硫化銻製成膏狀物，並黏在小木棒的一端做為引子，只要在砂紙上用力擦畫，便能產生高溫而起火燃燒。但是這時期的火柴頭遇熱極易自燃，就如同現今的三腥手機，是名符其實的不定時炸彈。直到1900年後，袖珍型的打火機才被製造出來，進而取代了火柴。

1845年，安徒生發表＜賣火柴的小女孩＞時，打火機早就被發明了，如果小女孩當晚賣的是容易溢出硫酸的黑金剛打火機，故事會不會有不一樣的結局呢？凍死前可能會先被毀容……

●○● 我將抽一位粉絲，用愛生火。

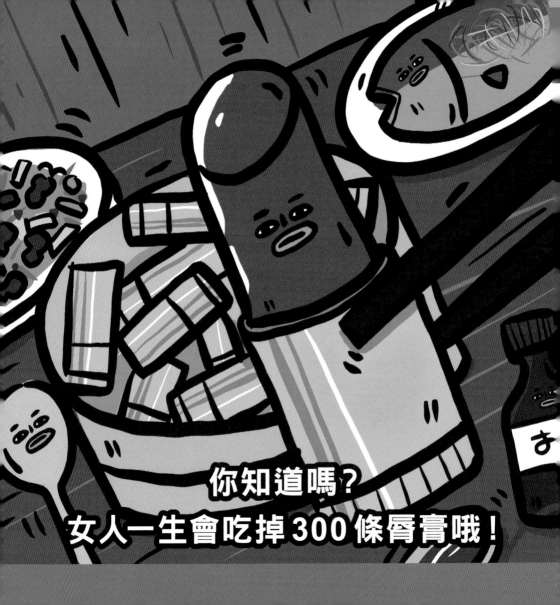

口紅是提升女性好氣色的化妝品之一，並且可以吸引男性，當你懷疑這項陳述時，請繼續看下去。

根據英國一項研究顯示，男性看有擦口紅的女性比看沒擦口紅的女性時間更長，而男性平均會花7.3秒的時間欣賞擦紅脣的女性，但是，男性平均只會花2.2秒「瞥」一眼裸脣的女生。

根據美國研究顯示，女性一生平均吃掉1.8公斤的口紅，這個研究統計360名19～65歲的女性，進行每天脣膏的使用次數統計，發現女性平均每天使用脣膏大約2次，有11％的參與者補擦超過4次，另有12％大都要塗超厚脣膏的參與者，每一次補擦都超過20毫克。以每次平均用量5毫克保守估計下來，女性一生使用的脣膏量大約是4磅，相當於300支脣膏。

和其他彩妝品相比，口紅較容易從嘴脣皮膚滲入，更容易在抿嘴、喝水、進食之間統統吃下肚。如果你補妝次數更高，又或者喜歡拿來當點心吃，那會吃掉更多脣膏。相信很多人嘴脣上的口紅有一半都是男朋友在吃的……

● ○ ● 我將抽一位粉絲，讓你的男友口紅吃到飽。

一般的脊椎動物，包括你跟我，在缺氧的環境下待個幾分鐘就會到達二次元空間，因為乳酸是脊椎動物在缺氧時所產生的代謝物質，若堆積在體內，會因為乳酸中毒而死亡。雖然我們說金魚記憶只有短短七秒，但牠們卻有一套舉世無雙的轉化機制，連人類都辦不到。

這個超能力是數百萬年前一場遺傳變異的結果。研究發現，金魚的骨骼肌可將產生的乳酸毒素轉化成乙醇，也就是酒精，把它從腮排出體外，躲開乳酸堆積的生命危險，並於寒冷結冰的湖裡生存最多5個月。換句話說，牠們有可能一年有5個月基本都是喝醉的狀態。

而這些金魚酒測後，發現血液中酒精濃度高達0.05%，即每100毫升就有50毫克的酒精，遠超過臺灣法規的0.03%。出於好玩，科學家同時做了一個有趣的實驗，他們把金魚放在封閉的玻璃杯中，試驗需要多久時間才能釀出一杯啤酒，結果：需要200天，酒精濃度才會達到4%，相當於市售啤酒的濃度。

這些金魚根本醉到不行，還一度酒駕，或許應該說牠們其實已經醉到不在乎。

●○● 我將抽一位粉絲，用自己的身體釀酒。

關於前任，你會把什麼東西留著當作紀念？紐西蘭的科學家發現，母鯊魚會將其他公鯊魚的精子儲存在體內，也就是歷屆的前任，留下來的不是合照，不是衣服，而是精液！

母鯊魚為何會有這樣的行為？科學家提出兩種假設：公鯊與母鯊很少有機會見面，大概就像牛郎與織女一樣，但是為了能夠繁殖下一代，就只能將公鯊的「精華液」保存下來，必要時拿來使用。第二個假設是，公鯊在與母鯊愛愛時，會咬住母鯊，為了讓自己交配時可以穩定不亂動，就跟你老漢推車時會扶著腰一樣，避免公鯊每次愛愛都會咬自己，母鯊會把精液留好留滿在自己體內。

另外大家最感興趣的是，鯊魚也是「多人運動的先驅」，公鯊們還會成群結隊一起上，真的懂玩！

●○● 我將抽一位粉絲，把前任的精華留在體內，必要時使用。

現代人生活便利，走到哪都可以有ATM領錢，已經是件稀鬆平常的事情。全世界目前有著300多萬臺ATM自動提款機，而最孤獨、心最冷、世界上使用率最低的提款機就在南極大陸上。

史上第一臺提款機其實在1967年在倫敦被啟用，但是因為銀行規定的關係，下午三點半之後就沒有辦法提供人民提領現金，晚一分鐘你也沒錢領的概念。

一位英國商人在洗澡時想到：「若是能在其它地方也能領到自己的錢，還不受時間限制該有多好？」接著他又在吃宵夜的時候想到：「路邊的巧克力販賣機那麼方便，為何不乾脆也套用在提款機上面呢？」於是便利於民的ATM就這麼演化出來了。

雖然南極一片冰天雪地，生活條件惡劣、鳥不生蛋，而且大部分的居民不是海豹就是企鵝，但是根據季節的不同以及科學研究的需求，在南極大陸上面生活的人口每季大概介於200到1000人，就像一個小型社區一樣，這裡的金錢交易已形成一個類封閉式的經濟，大部分的商店只收現金。在南極要用錢？去找那臺最孤單的提款機吧！

●○● 我將抽一位粉絲，飛往南極與ATM作伴。

鑽石的英文「diamond」源自於希臘文，意思是不屈不撓和無可匹敵，貼切地反映鑽石是地球上最堅硬的自然物質，以拉丁文翻譯過來，還有「熾烈的愛」的意思。古希臘人認為它是天神的眼淚，古羅馬人則相信它是星星的碎片，在臺灣可用來證明另一半對你有多愛（？

在地球上如此珍貴的鑽石，在木星上卻像下冰雹一樣，從天上一直啪啦啪啦掉下來，可惜這些「鑽石雨」沒機會降到地球上。木星屬於氣體行星，它之所以能下鑽石雨的最主要原因是：充足的甲烷和雷暴。在木星上的巨型閃電雷暴比地球上的閃電更強上 1 萬倍，這些雷電可將甲烷分解，形成煤灰型態的碳，這些非結晶碳在大氣中下沉，經過高溫高壓轉換成石墨，最終透過大氣壓力轉為固體鑽石。它們最終會落到木星的底層，因為溫度過高，會開始熔化，形成鑽石湖、鑽石海的景觀。

科學家推測，木星每年可以因為鑽石雨產出至少 1000 噸的鑽石，部分鑽石直徑甚至可達到 1 公分大，而地球每年的鑽石產量相比之下，真的是少得可憐，只有 20 噸左右。這就是為什麼鑽石這麼貴的原因，也因為如此，才有珍貴、無堅不摧、永恆的寓意。

● ○ ● 我將抽一位粉絲，獲得木星有去無回門票，去採鑽石。

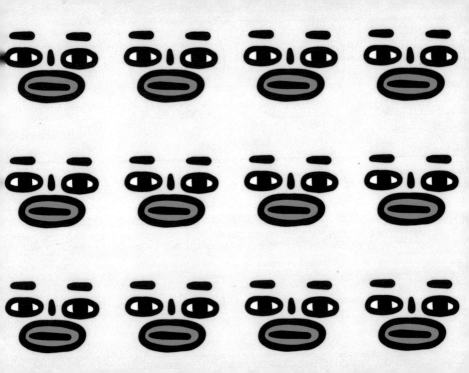

有人說，海是倒過來的天，天上有星星，那海裡也有（我聽他是在練蕭威。）在人類眼裡看來，這可能是很理所當然的事情，因為「海星」對我們來說是一個很普遍的生物，但是科學家卻表示：海星比天上的星星更難研究100倍，因為牠們的真面目到現在都還沒有被完整地揭露。

海星雖然長期生存在海中，但牠們不屬於魚類，而是被歸類在無脊椎棘皮動物科。

海星雖然沒有腦，但是牠們確實是有眼睛！海星的幼蟲期會因為海水鹽度與溫度影響到腕足的數量，而牠們的眼睛就長在「每一隻」腕足的末端，通常是紅色的一個眼點，這意味著5角形海星有5個眼睛，40臂海星就有40個眼睛。

目前科學家研究出，海星的眼睛對光極為敏感，但是牠們的視力不好，解析度很低，大約只有200畫素。即使是視力最好的海星，視覺能力也比人類低至少500倍，而且牠們是色盲，分不出青紅皂白。

●○● 我將抽一位男性粉絲變成海星，在女友面前360度，
　　　不分青紅皂白看路邊的妹仔 。

11
海星有好多眼睛

第三章　我很奇怪

生活中充滿各式各樣的聲音，有些聽起來很療癒、舒服，令人心情愉悅，而有些聲音聽起來讓人惱怒，極度煩躁。聽覺對人類來說是一項和世界產生連結的重要感受，我們可以透過聲音，放鬆地享受這個世界帶來的美好，也可能因為吵雜尖銳的聲音，感受到壓力。相信大家都對耳朵的「酷刑」——指甲刮黑板的聲音都不陌生。

德國一名教授研究出，讓人最不舒服的聲音，是頻率介於2000～4000赫茲之間的聲音。人類的耳朵對這個頻率範圍裡的聲音極為敏感，像嬰兒的哭啼聲以及人類的尖叫聲都介於這個頻率間。而這些聲音在人類的潛意識和本能反射中，已經被認為是「求救的信號」，也就是我們常說的「噪音」。

2012年，英國一項研究表明，指甲刮黑板的聲音會使大腦中的杏仁核產生變化。杏仁核位於大腦底部，分為左側及右側，主要功能是掌管焦慮、驚嚇等情緒，所以也有「情緒中樞」和「恐懼中樞」的別稱。當人類聽到頻率介於2000～4000赫茲的噪音時，杏仁核就會視它為危險信號，進而產生恐懼、煩躁等負面情緒。

●○● 我將抽一位粉絲，聽尼胖尖叫，產生負面情緒。

我們去參觀水族館的時候，都會看到「請勿拍打玻璃」的告示，你以為玻璃會裂掉，然後水跟魚都會跟洩洪一樣地流出來嗎？不是啦！是因為魚魚們真的會受驚，人類拍打玻璃的聲音在我們耳裡聽起來很小聲，但透過水傳導的聲音會被放大到魚的耳朵裡。沒錯！魚有耳朵，而且聽力比我們想像中的好，所以有事沒事不要亂拍玻璃嚇人家。

人的耳朵可以聽到20 ～ 20000赫茲範圍的聲音，魚可以聽到40 ～ 6000赫茲範圍內的聲音，一位英國魚類學家做了一項實驗，在每次要投放餌料之前先搖鈴，魚類聽到鈴聲之後就知道有東西吃，便聚集在投放餌料處，等待餵食。也有各國釣魚專家指出，釣魚時不能大聲喧嘩，更不能在拋餌時製造太大的聲響，因為魚魚都聽得到！

人的耳朵由外耳、中耳、內耳組成，耳朵不只有聽覺的功能，也可以幫助人類保持平衡。魚類的耳朵省略掉了外耳和中耳，牠們的內耳被包覆在眼珠後面的頭骨之中，聲音會直接穿透魚的身體直達內耳，而且跟人類一樣，耳朵可以幫助牠們在水中保持平衡，如果魚的耳朵受傷了，牠們就會像喝了酒的濟公師父，東倒西歪搖搖晃晃。

● ○ ● 我將抽一位粉絲，把你變成喝了酒的濟公師父。

第一印象在人與人之間其實是非常重要的，你到現在是不是還單身，也跟第一印象有很大的關聯。科學家指出，人與人初次見面的時候，馬上就會進行一種無意識、自然的外表掃描，這個掃描不外乎包括了你的顏值、打扮、衣著、行為舉止，而這個過程竟然只需要0.1秒就能完成。所以在這0.1秒裡，大部分的人便可以判斷出一個人順不順眼、自己喜不喜歡。

一位美國的心理學家指出，我們對一個人的印象好或壞，有55%取決於對方的外表，有38%取決於手勢和語氣，而我們的大腦很快地就能牽連到情感認知，以及迅速做出判定。這有點類似「一見鍾情」的概念，人與人第一眼就互相吸引，渴望與對方有更近一步的發展。

另一項來自美國的研究，對5000名21～70歲的單身男女進行調查，研究結果顯示有59%的男性和49%的女性都相信見面的那一瞬間就能確定雙方「來不來電」。而那0.1秒，通常傾向於先入為主，所以還是會存在著偏差，但是隨著時間的長短或是對一個人有所了解後，誤差值有可能會慢慢改變。

●○● 我將抽一位還在魯的粉絲，獲得尼胖的祝福，跟誰都能來電。

蘋果在很多宗教、神話以及傳說中都曾出現過，多半代表神祕的果實，甚至是禁果。

在古希臘，人們卻認為蘋果是聖物。最有名的不外乎是間接導致特洛伊戰爭的「金蘋果事件」，一個發生在三位女神之間的腥風血雨，心機鬥爭。

宙斯邀請了一批神級較高的神祇赴宴，但並未邀請掌管糾紛的女神厄莉絲。厄莉絲很不爽為什麼宙斯沒有邀請她，不請自來地出席宴席，並留下一顆華麗的黃金蘋果，上面刻有「獻給最美麗的女神」。

在場神級最高、最美的三位女神，分別為智慧女神雅典娜、愛神阿佛羅狄忒、天后赫拉，要求宙斯審判誰能得到那顆金蘋果。宙斯認為凡人特洛伊王國的帕里斯王子是最適合的裁判，於是，這三位女神各自在私下賄賂帕里斯。

雅典娜承諾「要讓帕里斯贏得所有的戰爭」，阿佛羅狄忒承諾「讓他得到全世界最美麗的女人海倫」，赫拉則說「讓帕里斯當全世界的主人」。帕里斯最後把金蘋果給了阿佛羅狄忒，他得到了海倫，但是

阿佛羅狄忒卻沒說，海倫其實是有夫之婦（嘖嘖嘖……女人的心機啊……）

所以你說蘋果對古希臘來說是多麼重要，還成為了聖物。

後來凡人相信，丟出蘋果給喜歡的人是一種表達愛的方式，如果你接住了蘋果，也就表示你接受對方的愛，退還蘋果就代表你覺得不適合。

●○● 我將抽一位粉絲，
　　　獲得東南亞聖物 —— 榴槤，丟給喜歡的人表達愛。

老王偷情人妻，老公剛好回家，老王怕被發現，馬上躲到衣櫥，此時人妻故意奔向老公，給了一個熱吻，企圖轉移老公的視線，讓老王順利離開，老王馬上打開衣櫥，奪門逃跑。真的為老王捏一把冷汗！這樣的行為可能會導致他提早見閻羅王呢！

英國研究指出，常常尋歡、偷吃、一夜情的玩家，心臟病發作的機率85％！

專家表示當尋求刺激、發生「偶發」性的性行為時，刺激性相當於劇烈運動道理一樣，這時心臟會更賣力運作，增加心跳速率與血壓，容易增加負荷，更接近死亡！

而擁有美滿婚姻的夫妻，平常規律的體能活動與性行為，維持常態標準，反而降低心臟病發，能讓人更長壽快樂哦！

●○● 我將抽一位粉絲，
　　　獲得一張衛生紙，讓你偷吃時可以擦乾淨。

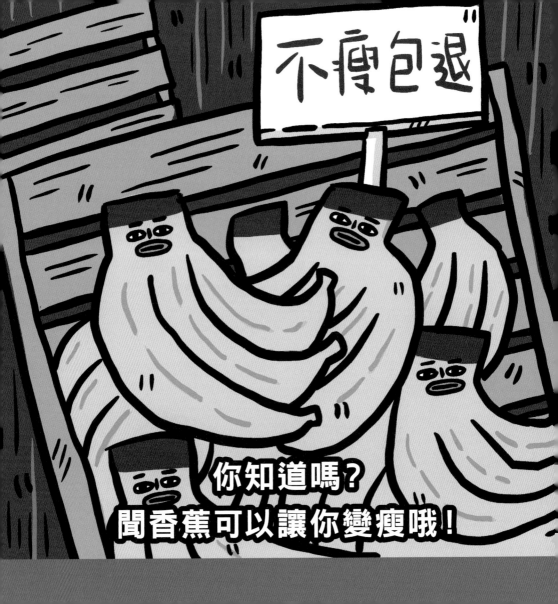

你知道香蕉為什麼要叫香蕉嗎？尼胖也不知道（汗……但是我知道吃香蕉好處多多！）香蕉含有大量的維生素、礦物質、膳食纖維、鉀以及鎂。研究顯示多吃香蕉確實能降低腸道的壞菌，防止肌肉痙攣、消除疲勞，還可以降低中風的機率達21%。

不吃香蕉，光聞香蕉也是有功效的。人類嗅聞一些氣味其實可以抑制食慾，而且是當下聞到，大腦就立即作出反應讓自己覺得不餓。聞薄荷、蘋果、胡椒也有相似的效果，它們就像是一種飢餓訊號抑制劑，讓你間接不想吃東西（聞大便應該也可以降低食慾？）。

美國一名神經學家就針對3193名肥胖者展開研究，他把這些實驗者分為Ａ和Ｂ兩組，Ｂ組人馬照平常一樣過生活但每天運動，讓Ａ組人每天運動並且在嘴饞時先分別聞香蕉、蘋果以及薄荷，結果顯示，有聞這些東西的測試者，在體重方面有明顯下降，雖然沒有吃到香蕉，但是卻可抑制食慾。另一項研究也顯示，每兩小時聞一次香蕉，可以讓每人每天少攝取350大卡的熱量。

●○● 我將抽一位粉絲，多聞蕉蕉、多吃蕉蕉，保持身心靈的健康。

想增進親密關係，不用花大錢做伴侶諮商、燒錢買花、買禮物，研究報告發現，觀看兩性關係電影可以讓夫妻離婚率減半！

有一研究邀請174對夫妻在一個月內，一起觀看五部與兩性有關的電影，並在觀看後討論電影內容，實驗結果發現，這與兩性關係諮商師的治療一樣有效，讓三年後的離婚率以及分居率從24%降到11%。主要原因是當夫妻看兩性電影時，很容易能審視並重視彼此的關係進而改善。

現實中也不難發現，很多家庭有了小孩之後，就再也沒一起看電影了，忽略了彼此情感需求，專注在孩子身上，感情也因此下滑。

花點時間坐下來，一起看看電影，審視彼此的關係，對於兩人來說都是很有幫助的！

●○● 我將抽一對夫妻，看愛情動作電影再生一個。

架上口紅五花八門，神奇的女友馬上就能分辨出這是什麼顏色，那又是什麼顏色，彷彿有超能力一般。男人跟女人是多麼不一樣的兩種生物，從身體特徵到大腦結構再到思維模式，都有著極大的差異。

顏色是什麼？大家都知道光是一種電磁波，不同的波長進入眼睛，眼睛細胞感受到再進入大腦，反應的就是我們看到的不同顏色，你看起來明明是姨媽紅，但你的另一半解釋這是當下最流行的胭脂紅。

「視錐細胞」是我們眼睛感受顏色的細胞，而女人的視錐細胞數量比男人更多！所以囉，女人相對就比較敏感（我是說對顏色）。

其實這也是一個漫長進化的結果所致，在原始社會，男人負責打獵，女人負責採摘漿果，需要一眼在樹林中發現鮮豔的果實，因此進化出了對顏色的敏感力，所以女人才會比男人更能感受到更多顏色囉！

第三章 我很奇怪

●○● 我將抽一位粉絲，幫你的臉塗上姨媽紅。

135

長大後，再難過的事，都要吞落腹內，因為刻板的社會現象，男人哭出來是一件很羞恥的事，尼胖小時候總是聽到媽媽說：「你是男生餒！怎麼可以哭？真的是羞羞臉！」所以全國男性的哭泣次數真的是少到不行，連哭的時間都超短。

荷蘭臨床心理學家研究顯示出，男性一年哭的次數大約是6～17次，同樣時間，女性則高達30～64次，原因是女性體內賀爾蒙會使人情緒激動時想哭，但男性體內此賀爾蒙含量較低。

心裡學家也表示，西方文化裡普遍存在著大家對於軟弱的排斥，導致男性在真情流露、尋求幫助時，會覺得沒面子、羞愧、抬不起頭。

也有研究提到，其實有97％的女性更加喜歡男性表達真實情感，哭泣只是一種發洩，是自然、健康的行為。81％熱戀中的女性，更希望男友可以表達更多情感。尼胖覺得男人偶爾哭一下，其實也是不錯的吧？但如果動不動就哭，真的會被巴蕊！

●○● 我將抽一位粉絲，到乾旱的國家哭，哭到淹水。

球類運動是運動項目中的大項，包括足球、籃球、棒球、桌球、網球等等，電影《功夫》說過：「天下武功，唯快不破。」速度是大部分球類運動取勝的關鍵，那麼，什麼球的速度是世界最快的呢？不是網球，不是足球，更不是地瓜球，答案是羽球！羽毛球最快速度為時速493公里，比F1賽車更快！

看似輕巧，速度卻遠超於其他球類，F1賽車最高時速為360公里，而羽球最高時速是493公里，竟然比一輛F1賽車還快！羽毛球由於球拍較輕，加上羽毛球頭部有非常良好的彈性，職業運動員輕輕鬆鬆就可以打出時速300公里以上的速度，但它衰減的速度也是相當驚人的，往往飛行數十公尺後就會掉下來。

此外，羽球不僅速度快，威力更是驚人。英國一位業餘羽毛球選手，展示了扣殺球的威力，站在距離西瓜30公尺遠的距離，進行了扣殺，羽毛球當場陷入西瓜內！呼籲各位打羽毛球時，盡量把安全帽戴上，避免跟西瓜一樣被爆頭。

●○● 我將抽一位粉絲，
　　　頭上放一顆蘋果，讓我用羽球把蘋果打下來。

世界萬物都會衰老，包括有生命及無生命的，房子、車子、樹木、石頭、襪子，還有你阿嬤的內褲，但是水卻永遠一個樣子，沒有歲月的痕跡。根據科學家推算，水大概已經有43億歲了。

地球大約出現於46億年前，剛開始地球上並沒有水，因為地質學家並沒有發現超過40億年的石頭，推算地球剛形成時，有5億年多的時間都處於一片火海。而美國科學家在距今43億年前發現了岩石礦物成分中含有水的存在，因此斷定地球在43億年前就有水了。

人們把不會流動的水俗稱「死水」是不是代表水老了呢？

科學家分析水分子的主鏈狀結構，發現水在沒有流動的情況下，其鏈狀結構就會慢慢擴張，這其實就是「老化水」，老化水對人體健康有害，經常飲用會造成衰老。但如果死水流動又會變成活水，一切又回到起點，的確也沒變老囉！

第三章 我很奇怪

●○● 我將抽一位粉絲，長命百歲，但外表跟老人一樣。

太陽是我們最熟悉的星體，也是離我們最近的一顆恆星，在遠古時代被奉為神明，孕育大地萬物，每天看著它從東邊升起，西邊落下，只要它一出現，就是我們準備告別床，上班、上課的時候到了，而冬天的太陽又特別溫暖……對於太陽，真的是又愛又恨。

太陽是一顆炙熱的氣體星球，沒有固體的星體或核心，太陽的中心到邊緣，分別為反應區、輻射區、對流區以及大氣層，其能量都是由中心的核反應產生的，太陽的溫度非常高，表面溫度約為攝氏6000度左右，核心甚至可以到1500萬度。

太陽的直徑為1392000公里，是地球的109倍，用倍數大家似乎沒有概念，如果要比喻的話，太陽若像網球一樣大，那地球大概小的跟沙子一樣了。

●○● 我將抽幾位粉絲，獲得太陽有去無回之旅。

首先先告訴大家，耳朵是如何生出耳屎寶寶以及其作用。

耳屎也稱為耳垢，顏色呈淡黃色，如蠟般的碎屑，它是由耳朵裡的皮膚所分泌的一種油脂所形成，而耳朵分泌物的堆積，會聚集成塊狀，形成耳屎，有潤滑、保濕、防蟲、抗菌等作用。

人的聽力一般在 20 ～ 20000 赫茲間，當你長期使用耳機或者手機，音量很大的情況下，聲音會直接通過外耳道傳到到鼓膜，引起強烈震動，使耳屎鬆動脫落，在不斷鬆動，耳朵又不斷分泌油脂來製造耳屎的狀況下，耳屎會以倍數增加，甚至達到 700 倍之多。

專家也建議，使用耳機不要連續超過一小時，也不要以同一個姿勢講電話太久，才不會造成耳朵傷害。講電話或許不會講很久，但因為工作必須聽音樂的尼胖，隨便都超過一小時，真的不太可能啊！

第三章　我很奇怪

●○● 我將抽幾位粉絲，一起製造耳屎，堆出一座小山。

蘋果又稱沙果、林檎，是一個大多數人都喜愛的水果，早年在臺灣有進口管制，屬於非常昂貴的水果之一，一般人家根本吃不到，也就成了醫院探病最貴重的禮物，但自從政府開放後，蘋果已是家家都吃得起的平民水果了。

網路流傳蘋果可以止瀉，還可以幫助排便，到底哪個對？

醫師表示，其實兩者說法都對，蘋果不只好吃，還能夠減輕腹瀉症狀，因為裡頭的果膠可以吸附水分，抓住水分就能改善腹瀉情況。

除了果膠，蘋果裡也含有豐富的纖維質，若是腸道不蠕動造成的便祕，吃蘋果就可以幫助蠕動，改善便祕哦！

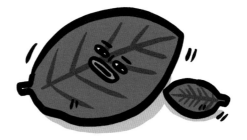

●○● 我將抽一位粉絲，招待你蘋果手機，吃到飽。

坊間傳言蚊子容易被特別體質、血型、體味的人所吸引，到底哪個才是正確的？

其實蚊子喜歡誰，跟血型、性別、體質酸鹼度、你的啤酒肚，沒有太大的關係，而是和人體向蚊子發出的信號有關，這些信號包括人體呼出的二氧化碳、汗液中的乳酸及皮膚上細菌代謝物。

蚊子偵測喜歡的人的機制很複雜，牠擁有精密的二氧化碳探測器，可以遠距離感應獵物，當牠靠近時，再偵測濕度、溫度以及乳酸來鎖定獵物。

當你吃香蕉時，蚊子會馬上鎖定你，原因是香蕉富含鉀，容易使人體皮膚分泌乳酸，而乳酸會吸引蚊子，當你被叮得滿頭包，也是剛好而已。所以當你吃香蕉時，最好噴上厚厚一層的防蚊液，或者穿上太空衣才可以避免叮咬。

●○● 我將抽一位粉絲，跪著吃香蕉。

關於紙，相信大家都很熟悉，報紙、A4紙、金紙，還有你上廁所用的衛生紙，無論什麼紙，一張紙再怎麼折，都無法超過9次。

為什麼一張紙無法折超過9次呢？

假設一張紙的厚度為0.1公釐，每對折一次，厚度加倍，第一次折0.2公釐，第二次折0.4公釐，第三次折0.8公釐，到第九次為51.2公釐，也就等於5.12公分，折疊時，折痕處外面那層會比裡面多消耗一點，也就是說，外面那層紙，需要更多的面積從另一邊繞到另一邊，折疊後，外層紙張就比內層紙張短了一大截，如果不施加外力，根本無法對折的，除非你的紙夠大張。

但相信我，就算有這麼大張的紙，也無法折超過9次的。如果真的有，那就有吧（威～

●○● 我將抽一位粉絲，把你對折再對折，輕輕地把夢也對折。

戀愛是種捉摸不定的東西，味道酸甜苦辣，是甜蜜也是負擔，當你愛上一個人時，內心有種莫名的悸動，心情跟著起伏，所有的喜怒哀樂都被對方牽引著，久而久之，你們的習慣同步，甚至當你們互視時，連心跳也會同步！

科學證實，請熱戀中的情侶互相深情對視三分鐘，就會開始產生「共振」。

何謂共振？

當一種物理系統在特定頻率底下，比其他頻率以更大的振幅振動的情形，在共振頻率下，很小力量便可產生巨大的振動，兩個同樣頻率的震動會引起更強烈震動，心跳加快，心率就會慢慢同步。

第三章　我很奇怪

●○●　我將抽兩位素未謀面的粉絲，對視直到心跳同步。

什麼是聰明？不要跟我說是嘉義的林聰明沙鍋魚頭。「聰明」並沒有準確的定義，智商高、記憶力好、自制力強、工作有效率……都可以稱為聰明人。

但你知道，其實聰明人頭髮的鋅含量比一般人高嗎？

美國密蘇里大學阿多爾博士證明了微量元素的功能，對於青少年頭髮進行分析，結果顯示，學業成績優異的學生，頭髮的鋅含量更高。

鋅是非常重要的微量元素，人體一旦缺鋅，在成長時就會有發展遲緩的問題、不易長高、貧血、免疫力不足、容易感冒或被傳染疾病。所以說，相較之下，聰明人的鋅含量也就更多了。

缺鋅該怎麼補呢？可以多攝取牡蠣、雞蛋、動物內臟，建議適當地攝取，才是聰明！

●○● 我將抽一位粉絲，牡蠣吃到飽，考試不用帶小抄。

威士忌是什麼顏色？明明就是琥珀色，還會有什麼顏色？原始的威士忌其實是透明的哦！因為威士忌是經過蒸餾出來的，所以呈現透明無色，成了琥珀色是跟製成有關。

威士忌可分為五大類：單一麥芽、調和麥芽、調和穀物、調和式、單一桶。以最經典的麥芽威士忌舉例，需要經過「發芽、糖化、發酵、蒸餾、熟成、調和、裝瓶」七道程序，最後才會是我們所品嘗到的威士忌。幫威士忌上色、增添風味的程序就在於放入橡木桶中「熟成」這個步驟，而橡木桶與威士忌之所以能夠相遇，竟然是因為人們想逃避查稅。

十八世紀，蘇格蘭小酒廠為了躲避政府課徵的高蒸餾酒稅金，便將私釀的酒偷偷存放於裝葡萄酒的橡木桶中，沒想到透明的蒸餾酒，居然神奇地變成琥珀色！吸收了木桶精華所產生的多層次風味，造就了濃厚香醇的威士忌。

●○● 我將抽一位粉絲，邀你一起品酒，品到不省人事。

狐狸給人的印象總是狡猾、修煉千年的妖怪，以及勾引男人的狐狸精，這些都是因為古時候人們不了解狐狸的習性，而帶來的負面形象。

大眾所認知的狐狸也稱火狐、赤狐，腹部、尾巴呈白色，其他為紅褐色，壽命大約為14年，是犬科動物中數一數二的長壽代表。赤狐主要分布於北美、歐洲、亞洲、非洲北部，是肉食性動物。

平常獨來獨往，但在繁殖季節會成群結隊。個性多疑，如果碰到危險，會鑽進其他動物群或者跳入河中避難，抑或是從肛腺分泌惡臭，嚇跑敵人，如遇到獵人捕獵時，還會裝死，再趁其不注意時，藉機逃走。

狐狸通常住在洞穴或樹洞中，牠們在挖洞時，會多挖幾個洞分散風險，一旦有敵人從A出口進入，狐狸就會從其他出口逃跑。

不要再說狐狸狡猾了，這一切都是天生的求生本能啊！

●○● 我將抽一位粉絲，變成狐狸精，偷吃別人還抓不到你。

冷得要命，寧可待在被窩裡也不願出門，人怕冷，手機其實也會怕冷哦！怎麼說呢？電池中的電離子在溫度低的時候，會跟人類一樣不想動，而手機所安裝的鋰電池會透過電解液來傳導電流，當遇到太冷的狀況下，化學效應就會下降，進而讓電阻增加、電流下降，如此一來就縮短了電池的續航力，因此天氣一冷，就更容易發生手機無法充飽電或是充電緩慢的現象。

不只電池會受影響，連觸控螢幕也會容易發生短路，知名軟體公司趨勢科技指出，電池使用溫度為 0 ～ 35 度之間，最適當的溫度則是 22 度。如果處於春節假期或身在天氣較冷的國家，也盡量注意手機的保暖，以免手機出了狀況，心情也跟著不 beautiful 了！

●○● 我將抽一位粉絲，幫你把手機放在瓦斯爐上，讓它溫暖。

手機已變成人類最密不可分的朋友，吃飯滑手機、大號滑手機，睡前更要滑手機，你知道手機沒電時要充電，但你充對了嗎？

充電時要先插手機，還是先插充電器？在公布答案前，我們先了解一下「電湧」。

什麼是電湧？它是指超出正常工作電壓的瞬間電壓，也稱為瞬間脈衝電壓，是電路中出現的一種短暫電流，當我們插充電器時所出現的火花，就是電湧。

如果你使用的是抗電湧插座，幫手機充電時，先插充電器還是先插手機都是沒有影響的，但如果你是使用一般插座，就得看你的插頭是原裝或非原裝，如果是非原裝，就會帶給手機危害。

所以充電時，不管插座是什麼樣式，先插充電器再插手機，相對來說是比較安全，不會傷害手機的作法，充完電時，也記得先拔掉手機再拔充電器，才會有保障哦！

●○● 我將抽一位疲憊的粉絲，拿插頭插你鼻孔，幫你充電。

五月天在＜私奔到月球＞這首歌裡唱到：「一二三牽著手，四五六抬起頭，七八九我們私奔到月球。」在沒有特殊裝備下，私奔到月球的你可能不是熱死就是冷死了。

月球晝夜的時間長達一個月，兩個禮拜是白天，兩個禮拜是黑夜，白天沒有大氣層的保護，陽光會直接照射，白天地面溫度極高，高達攝氏127度；黑夜時，地表會快速地把熱量輻射到太空，溫度甚至可以到零下183度，白天與夜晚的溫差幾近300度，使得月球表面一片死寂，所以沒事真的不要亂上月球啊！

月球與地球除了溫度上差別很大，時間上也是相差一大截。

月球與地球的自轉的方式不太一樣，它們之間就像有一條無形的鎖鏈牽引著，地球轉的時候會拖著月球轉，這也就是為什麼我們永遠只能看到月球的一面，而月球也會用另一個方式自轉，它繞著地球轉完一圈剛好需要27.323天。

●○● 我將抽一位粉絲，送你到月球，一人中獎，兩人同行。

很多男生剛跟女生接觸時，就會希望女生能快點喜歡上自己，於是會做很多自以為感動天感動地的事情，例如每天接女生上下班、請女生吃大餐、每個節日禮物送美婷（送不停

研究曾經提到，男生很容易產生「對方對他也有好感的錯覺」，是男生認知上的偏差，於是男生很快就會直接告白，想當然最後的結果就是收到一張「好人卡」，謝謝再聯絡。

不過也是有成功的案例，女生一時感動，成為你的女朋友，但是這樣的情感關係，從一開始就是不平等的狀態，一路曲折，最終可能走向分手。

想要追得到女生，要讓女生知道你不是一個隨便亂獻殷勤的人，增加自己的實力，增加對方的好奇心，讓她對你感興趣，你們互相吸引，才會在一個平衡的狀態，未來的路才能長久。

●○● 我將抽一位粉絲，不再收到好人卡，收到新年賀卡。

早上的大冰奶，果然沒有讓人失望，以時速50公里的速度奔向廁所，好不容易解放完了，卻發現……拿尼！沒有衛生紙！

衛生紙不只可以拿來擦你的屁股，看電影、吃飯，還有晚上打開電腦，來回移動著小手手，伴隨著熱熱的液體釋放出，都需要它。仔細觀察一下抽取式衛生紙，不管是什麼品牌，上面幾乎都會有壓花花紋，為什麼呢？只是因為美觀好看嗎？

專家揭開三大原因：

1. 更加緊密

仔細一看，衛生紙其實是兩張疊加在一起，有壓花紋的衛生紙會更緊密，以及增加吸水性。

2. 添加蓬鬆感

壓花讓一張平面的紙有高低起伏，而兩張疊加起來，會使中間有空隙，觸摸起來會更柔軟。

3. 避免擠壓

運送過程難免會擠壓，這時紙張內部纖維容易被破壞，導致衛生紙又扁又硬，壓花的機器能讓剛硬的紙變得柔軟，加上壓紋的蓬鬆感，能使紙張避免重壓而變形。

●○● 我將抽一位粉絲，把你也壓上花紋，讓你更柔軟。

先簡單介紹一下蝸牛，其實「蝸牛」只是個俗稱。牠本身是腹足綱螺旋外殼的軟體生物，可分成三大種類：淡水蝸牛、陸生蝸牛、海蝸牛（也稱之為螺）。

體型最大的陸生蝸牛——非洲大蝸牛最大可以生長到38公分、1公斤重，大概比你的頭再大一點點而已，至於最大的海蝸牛為澳洲大香螺，長度可達90公分、18公斤重，是不是很嚇人呢？

呼吸方式的不同，也可分為兩類：有肺類以及前鰓類，其中以有肺類為大宗，有肺類蝸牛又分支成地棲型跟樹棲型兩類。

重點來了！蝸牛根本是超能力者，牠們的眼睛具有再生能力，剪掉蝸牛的眼睛約3天後，視觸角的頂端會出現小黑點，11天後就會完全長出來了。

一般蝸牛皆以植物及嫩芽為主食，也有肉食性蝸牛（例如扭蝸牛）以其他種類蝸牛為食。

法國人熱愛蝸牛料理，因此培育出勃根地蝸牛，可以生長到5公分

長，49克重的體型，肉厚結實，廣受老饕們的喜愛。

5月～11月是蝸牛的繁殖期間，有肺蝸牛是雌雄同體，有的種類可以單獨生殖，有的則需要兩者交配。而牠們主要在潮濕溫暖的天氣交配，時間會高達24小時之久，是不是很羨慕呢？

●○●我將抽一位粉絲，把你的眼睛剪掉，跟蝸牛一樣長出來。

第 四 章

我很變態

做愛居然可以醫頭痛？很多人會覺得尼胖又再胡扯吧？根據德國明斯特大學的研究，做愛時，身體自然釋放的止痛成分，居然比止痛藥的效果高出許多倍。

這份研究發表在倫敦國際頭痛協會的期刊《頭痛》當中，報告顯示，有一半以上接受研究的偏頭痛患者在做愛時，頭痛症狀會出現稍微改善的情況，有五分之一的患者完全沒有任何疼痛產生，而其他患者，特別是男性患者，甚至將做愛視為治療頭痛的方法。

研究團隊認為，性行為會透過中樞神經系統釋放安多酚（內啡肽），這是身體的天然止痛藥，所以可以減輕甚至消除頭痛！

除了可以大幅減輕頭痛現象之外，也可以舒緩你生活上的壓力。有研究也指出，性生活美滿的人，他們更能處理生活上的各種壓力！工作辛苦的話，不要再浪費時間看電視了，把握時間跟你的伴侶放飛自我，一起迎向更美好的明天。

●○● 我將抽一位粉絲，幫你治頭痛。

接吻好處多多，外國網站Mensxp指出，接吻不只能夠增加情侶親密度，還可以達到瘦身效果，根據研究，只要接吻超過1分鐘，就會開始燃燒熱量。

此外，接吻還有其他好處哦：

1.消炎止痛

接吻過程中，人體會釋放舒緩不適的天然化學物質，進而達到緩解疼痛效果。

2.強化心臟

當另一半接近你時，是否會心跳加速呢？接吻不僅會使腦內釋放愉快感，更能分泌腎上腺素，促進血液流動，幫助心臟強壯起來呢！

3.強化免疫力

接吻時能夠交換彼此的唾液，交換口中細菌，產生抗體、提高免疫力。

●○● 我將抽一位粉絲，跟尼胖一起減肥。

禽類生出未受精蛋的現象在自然界中比較少見，這是因為牠們會及時找到雄性來交配，使卵細胞受精，保證種族的繁衍。而在現代，把公雞和母雞分欄飼養的蛋雞場中，人們每天獲得的雞蛋都是未經雄性授精就產出的蛋。

和人一樣，母雞生來就有兩個卵巢，但是在生長過程中，右側卵巢會逐漸退化，其原因通常被認為是方便產下較大的硬殼卵。想像一個布滿大小卵泡的卵巢，它們就像一串葡萄那樣生長，裡面最多可包含4000個卵母細胞，每一個都有潛力形成一顆蛋黃。

小雞從雞蛋中孵出，所以食用雞蛋就是吃葷嗎？雞蛋確實是動物性食品，它也確實含有母雞排出的生殖細胞。但是，事實上我們買到的雞蛋一般是未受精的蛋，所以你吃下的其實不是一個未來的小生命，而是母雞的「月經」。

●○● 我將抽一位粉絲，請你吃吐司夾月經。

海膽屬於棘皮動物科，是雌雄異體的生物，生殖腺發達，剝開黑色的硬殼後，橙黃色的海膽味道甘甜，質感細膩，幾乎入口即融，無論做成刺身、壽司或丼飯，都有一堆老饕捧場，不過海膽到底是什麼來的？

其實黃色的部分是海膽的生殖腺，也就是精巢或卵巢啦！

海膽主要生活在淺海海底，喜歡待在岩礁或者沙石上，以前人們認為海膽是食草動物，但最近研究發現，海膽食性廣泛，不僅吃一些海藻，也會吃一些甲殼類和貝蚌類動物。

成長時間達3年的海膽到了牠的成熟階段後，會開始履行繁殖後代的重責大任。這時會出現一種奇特的現象：在一個局部海域內，牠們會喜歡聚在一起，一旦有一個海膽把生殖細胞，無論是精子或卵子排到水裡，它就會像廣播一樣，把這則訊息傳給附近的每一個海膽，刺激這一區域內，所有性成熟的海膽都排精或排卵，這種怪現象被形容為「生殖傳染病」。

●○● 我將抽一位粉絲，請你吃精液蓋飯。

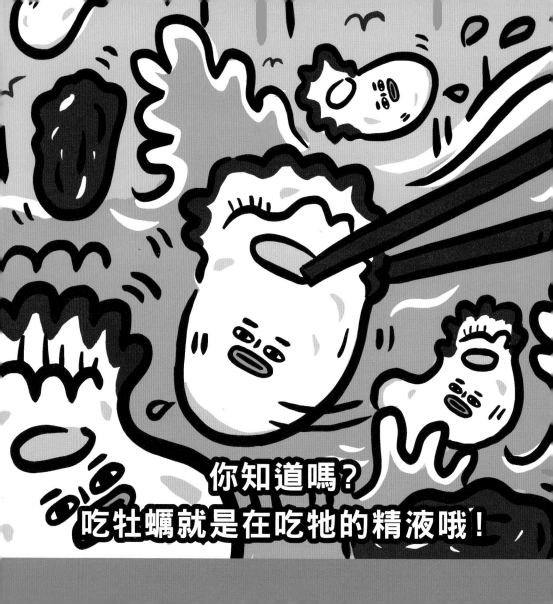

牡蠣是一種濾食性動物，孵化後在海中浮游，選定地方附著就不再移動，以攝取有機藻類、浮游生物成長。

牡蠣殼通常有一面較薄，這是牡蠣在成長時所分泌的物質，而較厚的那一面則是牡蠣的附著基礎。

臺灣養殖牡蠣已有超過百年的歷史，由於牡蠣幼苗需要附著基礎，從早期丟石塊、插竹竿、樹枝等方式，演變至今以「吊棚式」最為常見。

品嘗牡蠣，最好吃的就是那肥美柔嫩的白色囊體，也是滋味最為濃郁之處，但那其實是牡蠣的生殖腺，也就是精巢或卵巢，喜歡吃牡蠣嗎？呷洨啦！

●○●● 我將抽一位粉絲，呷洨。

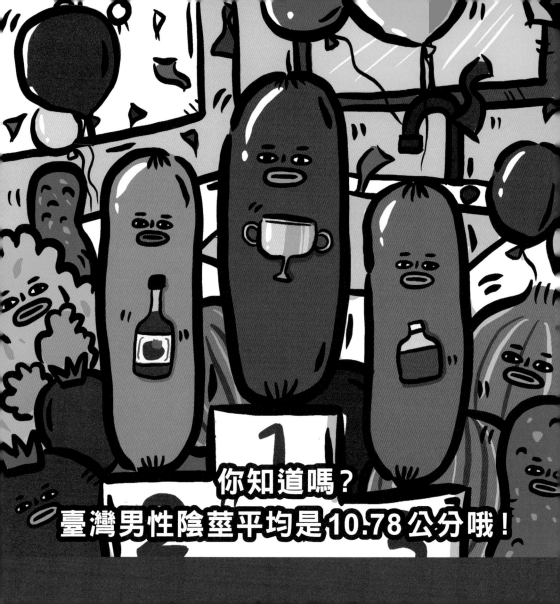

你是否曾經聽過一個都市傳說，錢包裡塞滿千元大鈔的男生的雞雞尺寸，會比喜歡用信用卡跟線上支付的男生還大上許多呢？另外該如何正確量測男生雞雞尺寸往往是許多男生或者女伴關心的議題，即使是號稱有30cm的鄉民也想知道，該怎麼測量才能量到30cm以上。到底怎麼量才會得到又長又粗的結果呢？是從乳頭到龜頭，還是大腸頭到龜頭？都不是！

步驟如下：

1. 確定雞雞呈100%直立狀態。
2. 正常站立，不可向前推臀。
3. 使用硬尺，不得使用捲尺（因為打到會痛）。

4. 將尺放在陰莖上，底部貼近骨盆腔。
5. 確保陰莖與尺平行。
6. 從骨頭到龜頭。

這個測量方法得出的結果：臺灣男性的陰莖平均長度是10.78公分。

男生的雞雞長度可能會因為年紀、天氣、溫度、心情、近期性行為，或者擼管頻率而有變化，每次當你覺得狀況比上次更好而需要進行測量時，也請記得依照以上步驟進行測量哦！

●○● 我將抽一位粉絲，雞雞長到腳趾頭。

在自然界中，動物的同性戀行為其實非常普遍，直至目前，已有超過1500種動物被觀察到有同性戀的傾向。對於很多動物來說，異性只是為了繁衍後代，同性才是真愛所在（這點需要幫哭哭。

而長頸鹿正是動物江湖上大名鼎鼎的同性戀大佬。大部分的長頸鹿都是同志，雄性長頸鹿之間交配的次數遠超過與雌性長頸鹿的次數。相關研究顯示，每20頭雄性長頸鹿中，就有一頭會對同性表示愛慕，統計下來，大約有90%的性行為都是在雄性長頸鹿之間發生的。

交配前，兩頭雄性長頸鹿會利用脖子互相繞來繞去，並且磨擦對方，進行長達至少一小時之久的前戲，如果夠激情的話，甚至會以性高潮做個完美ending。也許因為異性之間的交配太麻煩了，要看雌性長頸鹿的臉色，又要先陪伴，一不體貼還會被踹個稀巴爛，所以雄性長頸鹿更願意和公的玩。

●○● 我將抽幾位粉絲，
用脖子摩擦伴侶，沒有另一半就摩擦自己吧！

飲酒後，首當其衝被影響的就是語言中樞，有些平常不敢說的話，會在此時脫口而出，平常害羞不多話的人，在這時候也變得更加健談與主動。接著被影響的是被稱為「理性總司令」的大腦皮質，它會減慢中樞神經系統的反應速度，造成我們口齒不清，影響大腦說「不」的舉動。每個人大腦皮質被麻痺的程度都不太一樣，這也是為什麼有的人會抱著路邊電線桿不回家，有的人會把你當作王八羔子地罵⋯⋯

但卻有婦科醫師指出，酒後亂性都是假的，說不小心上錯床的，其實都是一人清醒，一人裝傻。另一位泌尿科醫師也表示，短時間內大量飲酒會造成性慾降低，抑制陰莖勃起的功能，反正就是軟趴趴的，無法達到射精高潮。也就是說，酒精雖然會使人的克制力和判斷力降低，但酒後跟別人發生性行為都是有意識的情況下發生的，只是不願意承認而已！

酒醉亂「性」經證實是假的，會亂的只有「性格」。因為喝醉後的男生幾乎是喪失性功能的小廢物啊！

●○● 我將抽一位粉絲，喝到小弟弟無法站立。

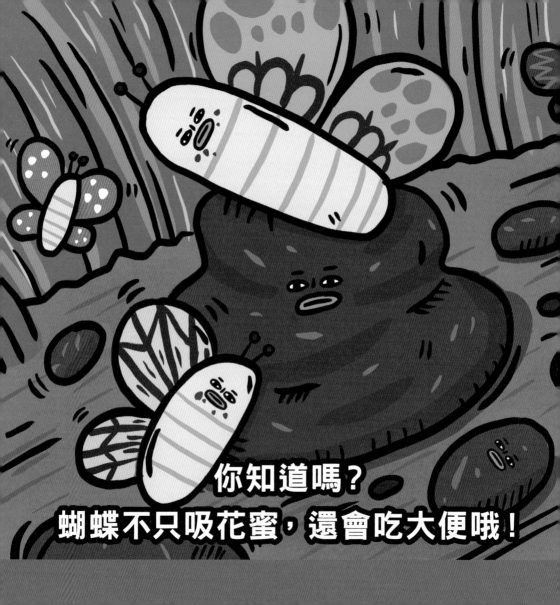

從小到大，我們聽著「蝴蝶～蝴蝶～生得真美麗，頭戴著金絲，身穿花花衣。」都會直接聯想到蝴蝶是個美麗又優雅的生物。在這樣有著曼妙舞姿的背後，總有一些「品行獨特」的存在，每種生物都有自己的喜好，就像有些人點了蚵仔煎不要蚵仔，點了米糕卻不加香菜（公蝦洨……

蝴蝶並不是只靠吸食花蜜來填飽肚子，因為其養分根本不足以塞牙縫，更不用說維持生命。所以這些「品性獨特」的行為就出現了：蝴蝶為了生存，會吃泥土、血液、汗水、眼淚、尿液、大便和腐爛的食物。

鈉是人類調節自身電解質平衡的重要元素，對於蝴蝶來說，鈉也是不可或缺的，研究證明，鈉對蝴蝶的消化系統跟神經傳導作業具有重要作用，但總不能直接叫牠們去啃鹽巴，因為虹吸式的口器只能吃流質食物，而上述的「食物」中剛好含有鈉、胺基酸、蛋白質等物質，可以讓牠們吃到頭好壯壯。

如果有一隻蝴蝶降落在你身上，可能不是因為你的體香，是因為牠剛好巴豆夭，想吸你的汗。

●○● 我將抽一位粉絲變成蝴蝶，「品性獨特」地到處吸。

先來說一下扁蟲好了，牠是扁形動物門中的無脊椎水生動物，簡單來說就是軟趴趴的生物，沒有完整的消化系統，腹部的開口是嘴巴也是肛門，多為雌雄同體，可當媽也可當爸。扁蟲在發生性行為時，歡場即戰場，沒有任何一方想當被射的那個，因為我們都知道，在繁衍後代時，男性付出精子，但是付出「精力」扶養的大多是女性。

扁蟲體內建立了兩套生殖器官，這兩套生殖器官可以同時孕育精子和卵子，當牠們想要繁殖時，會「任意」找最近的另一隻扁蟲相互靠近，然後用牠們的雄性生殖器打一架，雙方會像跳舞般壓制對方（住手你們不要再打了！）牠們會一邊使盡各種步數將自己的精子注入對方體內，一邊又要閃避另一方的攻擊（想一想好像有點像重口味的SM……）扁蟲的「戰鬥」通常會持續一小時，如果雙方一不小心都被內射了，那只好兩個都當媽。但如果只有一方勝利，通常贏的那方都是射後不理，直接找下一位。

如果扁蟲要繁殖的生活環境相當惡劣，周圍沒有別的扁蟲可以打架的話，牠們為了繁殖，也會把自己的陰莖插入自身頭部內射，讓自己懷孕哦！（好呱張！

●○● 我將抽兩位男性粉絲，用「小雞雞」戰鬥。

在炒飯的過程中,「聲音」其實很重要,對於男人與女人來說,叫床是一場「聽覺藝術饗宴」。人不只是視覺動物,也是聽覺動物。叫床不只是隨便呻吟而已,更是雙方當下溝通的一種方式,但是講到叫床,大多人都會直接聯想到女人,好像只有女人會叫床一樣,其實男生在愛愛時,發出享受的低吼聲也是很性感動聽的!

有心理專家指出,男性在做愛時不叫床,可能是因為自己心裡那一關過不了,覺得自己沒尊嚴或太娘。根據統計顯示,超過90%的男性喜歡女伴叫床,其中40.3%的男性表示,做愛時女性一定要叫床(這到底是什麼要求!)另外,超過70%的女性其實也喜歡男生叫出來,有59%女性認為男性叫床能使愛愛這件事更刺激,更容易達到高潮。

大腦也是人體重要的性器官,在興奮時,大腦會沖淡一個人的理智,這時候身體會自然地通過叫聲來釋放自己,所以就會開始嗯嗯啊啊。

在這個性別平等的時代,男人在房事上也應該為女人給出多一點反應,女人也會同時感受到成就感,所以男人們不要再當操俗辣了,適時地釋放自己,叫出來!

●○● 我將抽一位男性粉絲,今晚就叫幾聲來聽聽。

自慰是一種心理上正常的性健康現象，透過刺激性器官達到性高潮，可以是一種發洩，一種舒壓，甚至可以是一種習慣，一天沒弄，可能全身都會不舒服的程度。

世界自慰大賽又稱自慰版的馬拉松，每年都會在美國舉辦，比賽內容包括勃起的持續時間、自慰次數、射精距離等等，相信有些人看到這裡可能已經微微皺眉了，但是這項比賽背後的意義是一場慈善活動，用募得的善款來發展女性健康事業，消除愛滋病運動，以及倡導自慰是「正常的」而不是羞恥的！

某一屆打手槍冠軍是一位居住在東京的日本人，他叫佐藤政信，是情趣用品生產公司的員工，在2009年遠赴美國舊金山參加這項自慰奧林匹克，並以9小時58分鐘的紀錄拿下冠軍，獲得「手槍王」的稱號。

他在訪問時表示，每天早上醒來第一件事情就是進行兩小時的自慰訓練，通常在女友面前進行，但她只擔任計時小姐的角色。女友對他的行為表示認同，認為這就是他的興趣，自己對那方面則沒有那麼高的需求，這種包容心讓我覺得好像感受到了他們的真愛⋯⋯

●○●● 我將抽一位粉絲，獲得這項比賽的入場門票，
　　　順便測試你的伴侶對你是不是真愛。

相信很多人都有那種成人動作片的迷思，認為「持久的戰鬥力」能彰顯雄風。美國一位泌尿科主任指出，研究調查大部分男人進入到女性陰道後，大約 4 ～ 11 分鐘就會射精，平均下來是 6 分鐘，該醫生透露調查中的男性當中，最快射精的時間為 6 秒（這個很尷尬啊⋯⋯）最久的為 53 分鐘。但他指出只要超過 21 分鐘，表現就算是非常突出了，做得太久反而女伴也可能會開始不舒服。

重點來了，土耳其的一項研究報告顯示，「胖胖男」其實才是床上的極品，他們愛愛的持久力比「瘦瘦男」還要多出 7.3 分鐘。報告指出，BMI 比較高的男性體內有更多的女性賀爾蒙雌二醇，它會干擾體內賀爾蒙的平衡，讓男生延緩高潮的時間，所以持久力自然比其他男性高。

日本有一項調查請 22 ～ 34 歲女性選出最理想的愛愛時間，有 38% 的女性選擇 30 ～ 60 分鐘，31% 的女性選擇 20 ～ 30 分鐘，不過最完美的愛愛過程與時間，還是與你的另一半討論會比較好。圓滿的愛愛過程還要包括前戲跟收尾，也呼籲男性不要因為急就章就隨便弄弄，其實持不持久是一回事，愛愛後抱著聊天，倒杯水給伴侶才最要緊。

●○● 我將抽一位粉絲一起吃胖，胖到射不出來。

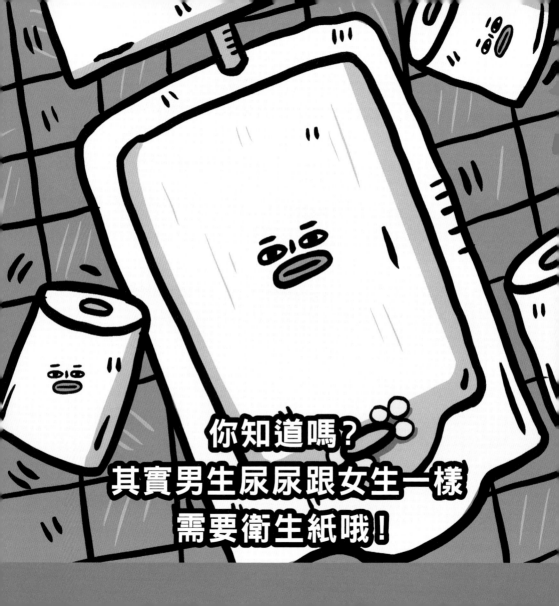

其實不管男人或女人，從乾淨衛生的角度出發，都要在排尿後擦拭下體。如果尿液沾染到內褲上，很容易形成潮濕的細菌溫床，進而導致尿道發炎。因為女人生殖器官的關係，在排尿後，殘留的尿量大，而男人的尿道口比較長，殘留的尿液會比女性少很多，所以男性通常都是以甩一甩、跳一跳來代替擦拭下體。

英國一項研究訪問了超過1000名男性，問題是：「你會在尿尿完用衛生紙擦掉殘留的尿液嗎？」95％的男性表示：「你問這什麼問題？當然是直接抖一抖啊！誰尿尿完還用衛生紙擦啊！」男性生殖器官比起女性來說，是相對封閉的，也因為尿道長，不必太擔心細菌入侵，就算有頑固細菌想要進入，也會因為長而曲折的尿道黏膜而退縮（細菌太懶了）。男性尿道平均都有個18公分，但是女性的卻只有5公分，細菌感染的風險高過男性好幾倍，女性若在排尿後不仔細清潔，有50％～60％的機率會引起尿道發炎。

男生尿尿後不擦拭，其實就是只是占了生理優勢而已，但畢竟抖完還是會再滴個一兩滴到內褲上，如果不想內褲有悶臭味、被女友嫌臭屌，還是乖乖擦一下，但是衛生紙黏在龜頭上這個悲劇請自行處理。

●○● 我將抽幾位尿道18公分的粉絲，一起當臭屌。

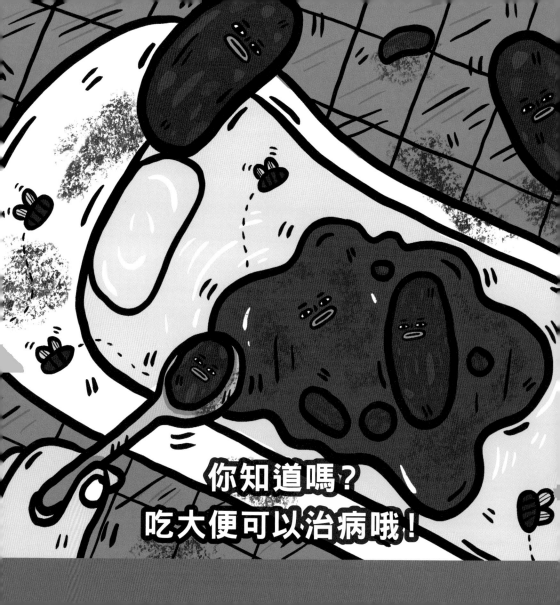

「噗通噗通！」大便掉進馬桶，然後再「唰」地一聲被沖掉，就這樣去流浪了，誰會想過這其實是一件浪費的事情？大便曾經非常不起眼，但現在，它很有可能取代美國仙丹——抗生素，解救世上更多的人。人類的腸道有多達100兆的微生物，其中有1000多種與我們的免疫系統有極大的關係，糞便中的菌叢也能檢測一個人的腸道是否健康，除此之外，布滿神經的腸道，也有人體的「第二個大腦」之稱。

叫人去吃大便，其實也不一定是在罵人，因為「大便」已經成功地成為治療很多病症的用藥。當然啦，專家們不稱這個舉動叫「吃大便」，而是「糞便移植」。簡單來說，糞便內的好菌，透過醫療方式移植到患者的體內，讓原本的壞菌自己消失，病情進而好轉到痊癒。「糞便移植」最好是介於直系親屬之間，臺灣已經有大約20例的案例是成功的。而美國一家醫療組織也開始向健康的民眾「買大便」，一次排便能賺到40美元，一年全勤能賺13000美元（當然不能拿烙賽過去。）

而在未來，「糞便移植」也會用來治療各種疾病，例如多重抗藥性細菌感染、自閉症、帕金森式症、腸躁症、發炎性腸道疾病、自體免疫疾病、肥胖以及代謝症候群等疾病。

●○● 我將抽一位粉絲，吃我爸的大便，治癒你大大小小的毛病。

精子是男性體內最小的細胞，只有0.05～0.06毫米，但是它是移動速度最快的細胞，有著細胞界「游泳高手」的美名。

男人每次射精平均有4000萬隻精蟲，但如果是血氣方剛的年輕人，很有可能達到6億隻，噴發的速度約為12.5公尺。

看似健康活潑的精子在陰道裡竄動，有30％的蟲兒可能是畸形且不正常的，例如像雙頭龍一樣有兩個頭、頭太大或太小、掰咖跑不動在休息等等。

射精後，精子大約游15公分後，可到達輸卵管，這需要耗時2～10分鐘，游到17.5公分時，才能跟卵子相遇，對於只有55微米的精子而言，超過自身長度3000倍以上的距離，就像田徑場上三、四千公尺的障礙賽，漫漫長路，千里遠征。

精蟲每秒可游1.4毫米，相當於人類以40公里時速，持續跑45分鐘，全世界跑最快的短跑選手也只能以這樣的速度跑上幾百公尺，可見精子的移動速度實在驚人。

另外，換算下來，精子雖然能以時速12～20公分的泳速衝刺，但它們常常搞不清楚方向，有時候會一直撞牆，或是往反方向出來say哈囉，所以當最勇猛的精子要見到卵子時，一般是射精後的1～1.5個小時，最慢是4～6個小時。

●○● 我將抽一位男性粉絲，
　　　預祝你的精子不迷路、不撞牆，今年當上爸爸。

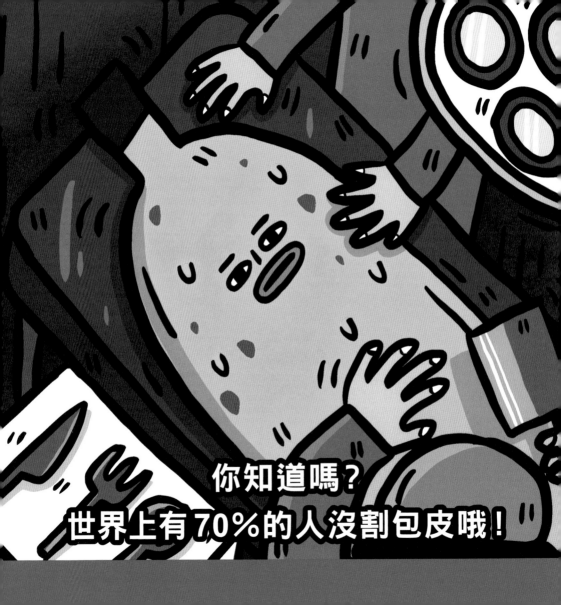

相信這是許多少年的疑問：「包皮太長需要割掉嗎？」「我懶覺看起來很小跟沒割包皮有關係嗎？」

包皮手術學名又稱「包皮環切術」，是將陰莖多餘的包皮切除，使陰莖外露，專家表示，包皮是身體與生俱來的部分，用來保護陰莖，除非生病才要割。

然而為什麼割包皮，有很多說法：
1. **宗教**：《聖經》提到，割禮是與神的連結。
2. **疾病**：發炎、發霉、避免性病、泌尿感染。
3. **性福**：割了可以提高性高潮。

根據資料顯示，世界上有70%的人沒割過包皮，不過這比例又因地區而異，美國動過割包皮手術有55%，台灣則是30%。

而割下的包皮又到哪裡去呢？割下的包皮常做為燒傷患者的皮膚移植，又或者是四神湯、土豆麵筋……

● ○ ● 我將抽一位粉絲，請你喝四神湯，吃土豆麵筋。

中世紀時，醫生們認為「手沾到血有損尊嚴」（這想法真的是挺荒謬的），當時外科與內科醫師階級差距甚大，外科醫生不受人尊重，甚至得不到大學教職，妹子看到還會閃很遠，根本魯蛇。內科醫生則是備受寵愛，可以成為皇室的醫生，或者大學主持講座，把把學生妹。

而當醫生不想處理外科手術降低身分時，這份「重擔」就落到理髮師身上了，手上的剃刀、剪刀，並非都是用來剪你的毛，大多會是用來割除身上的腫瘤，或其他部位。

當時也非常流行「放血」治療，每逢春、秋兩季，有錢人家就會定期放血治療，來加強血液循環，改善體質。

放血通常在浴室進行，病人會先用溫水沐浴，讓血液循環加速，接著會緊握一根棒子，這時理髮師在要放血的部位上方纏上繃帶，阻止血液流動，再用小刀割破隆起的血管，讓血流出來。

放血後，會將繃帶洗乾淨放在室外晾晒，久而久之，在風中飄動的繃帶也就變成理髮師招攬生意的招牌，後來經過人們設計，出現了螺旋圓柱（不是螺旋丸啦幹），紅色條紋代表血液，白色代表繃帶，藍色

代表木棍，這就是我們看到理髮燈的由來了。

●○● 我將抽一位粉絲，到理髮院割包皮。

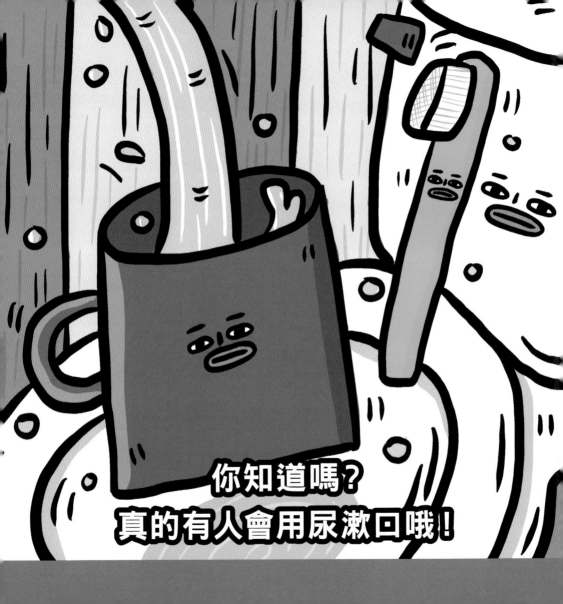

在現代，尿在人類眼中是一個又臭又髒的存在，沒有人喜歡，但事實上，古羅馬卻用它做了很多事，甚至還因此賺錢發大財呢！

人類尿液中含有許多礦物質以及化學物質，其中含有最重要的成分——尿素，當它與空氣接觸一段時間之後，會產生「氨」，而這個成分其實在市售的許多清潔液中相當常見。

在古代，清潔液、洗碗精、肥皂都還沒被發明出來時，「尿」就扮起了清潔的角色，古羅馬人會在公廁放置收集尿液的容器，洗衣店也會有專門裝尿的陶罐，好讓洗衣工人將尿液倒入衣服中踩踏清洗。此外，古羅馬人也用尿液清潔牙齒、漱口，幫助牙齒美白，因為氨能清潔牙齒、去除口臭，這是經過科學證實的！不過剛尿出來的熱呼呼的尿是沒有作用的，必須在冷卻後產生氨，才有作用。

當時尿液可說是非常珍貴的玩意兒，羅馬甚至還曾制定了相關法律，徵收進口尿液稅，原來，尿也是要繳稅的呢！

第
四
章

我
很
變
態

●○● 我將抽一位粉絲，用尿漱口。

奧林匹克運動會，簡稱奧運、奧運會，是國際目前最高級的綜合體育賽事，每4年舉辦一次，是每個運動選手夢寐以求的競技殿堂，凡是能參與賽事的，都是世界上數一數二的運動菁英，能夠奪牌的選手都是頂尖中的頂尖。

而這些選手因為長年接受嚴格訓練，體態都會處於最佳的狀態，當這些身材姣好，長得美、長得帥的，就很容易彼此吸引，擦槍走火，再加上高壓訓練下，難得登上殿堂，一定得好好放飛自我啊，有幾個選手曾說過：「大約有75%的運動員會在舉辦奧運時期瘋狂愛愛。」「參賽中，打炮是傳統，而且很多都是自己送上門來，很難不吃。」「賽前打了一炮，讓我拿金牌呢！」。

在2016年的奧運，共有10500名運動員，這些運動員在7天的賽事中，總共使用了45萬個保險套，平均每個運動員使用了42個保險套，官方也知道這段時間，保險套使用量大，於是在選手村都設有保險套販賣機，真的是很貼心呢！

●○● 我將抽一位粉絲，送你到奧運當選手，為國爭光。

20

你不知道的奧運選手

第四章　我很變態

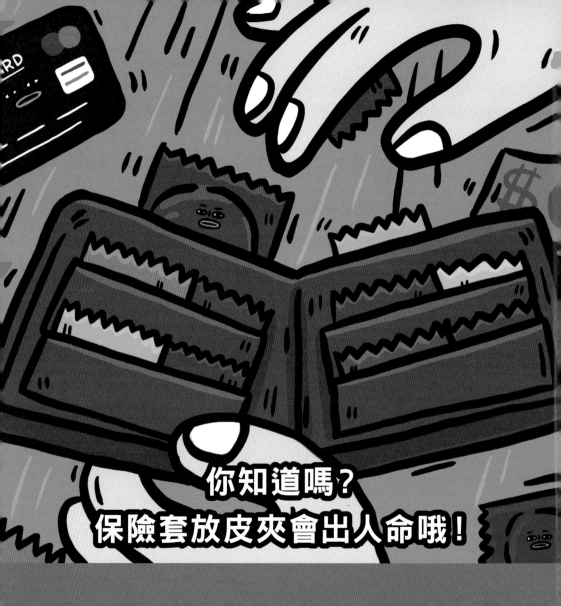

因為當兵，跟女朋友好久沒見面了，除了思念，更想在放假時，跟另一半享受一個美好的夜晚，拿出放在皮夾裡深藏已久的套套……NoNo，這下真的要小心了！使用皮夾裡的保險套，可能會讓你早點當爸爸！

很多男生都不喜歡帶包包出門，保險套都隨身放在皮夾裡，以備不時之需，不過保險套材質不耐高溫，很容易就會乳化變質，用到一半破掉就真的GG了。

保險套為一次性消耗品，即使外觀沒有破損，也不能洗一洗下次用，除了容易有細菌以外，也很容易破損，對於保險套，真的不需要太客家。

選購保險套時，也不要硬選size比自己大的保險套（明明就小牙籤，還硬要戴安全帽），不適合自己的尺寸，做到一半容易卡在對方的穴穴裡或是破掉，真的很糗也很危險，凡事真的剛剛好就好。

再次提醒大家，發生性行為記得戴上套套啊！

●○● 我將抽一位粉絲，不戴套直接中出（中部看日出）。

當你脫離20年母胎單身，終於拐到一個女朋友，想購買情趣用品跟她開心一下時，你會去哪裡購買呢？去哪裡買都好，就是不要去美國的阿拉巴馬州買，因為在當地販賣情趣用品可是犯法的，你可以很容易地在當地買到一支全自動步槍，但卻很難買到一根電動假懶覺。

位於美國南部的阿拉巴馬州，教會勢力強大，甚至到了可以影響州內政治的地步，當地教會認為，販賣情趣用品有傷風化，所以禁止販售，要買的人得另尋管道。另外，教會也反對飲酒，很多地方週日早上禁止販賣酒精飲料。

順道一提，阿拉巴馬州也通過了全美最嚴格的墮胎禁令，全州禁止墮胎，即便因為強姦、亂倫而懷孕的婦女都必須把孩子生下來，只有胎兒威脅到媽媽生命時，才可以申請墮胎。這條對女性不平等的法令，可以說是讓阿拉巴馬州一夕之間從平權的社會直接回歸到了原點。

第四章　我很變態

●○● 我將抽一位粉絲，送你到阿拉巴馬打手槍。

保險套、安全套、衛生套都是一樣的東西，主要用途是在發生性行為時，降低感染性疾病以及降低女性懷孕機率的工具。

由於時代的進步，保險套出現了不一樣的選擇，有螺旋、超薄、顆粒等形狀來滿足性行 上的新奇、愉悅感受。

說到保險套使用的起源，在法國逢德果洞穴的壁畫上就已出現保險套，這幅壁畫估計有1萬2千～1萬5千年的歷史。早期保險套並非橡膠製，而是利用紙莎草、動物的盲腸等製成。

不要小看保險套小小一條，它可容納3.7公升的液體，就算你射個三天三夜都不會溢出來，也就是說，正常男性是沒有辦法將保險套給填滿的，所以你不用操心。

第四章　我很變態

●○● 我將抽一位粉絲，
　　　送你尼胖放在皮包20年的保險套，提早讓你當爸。

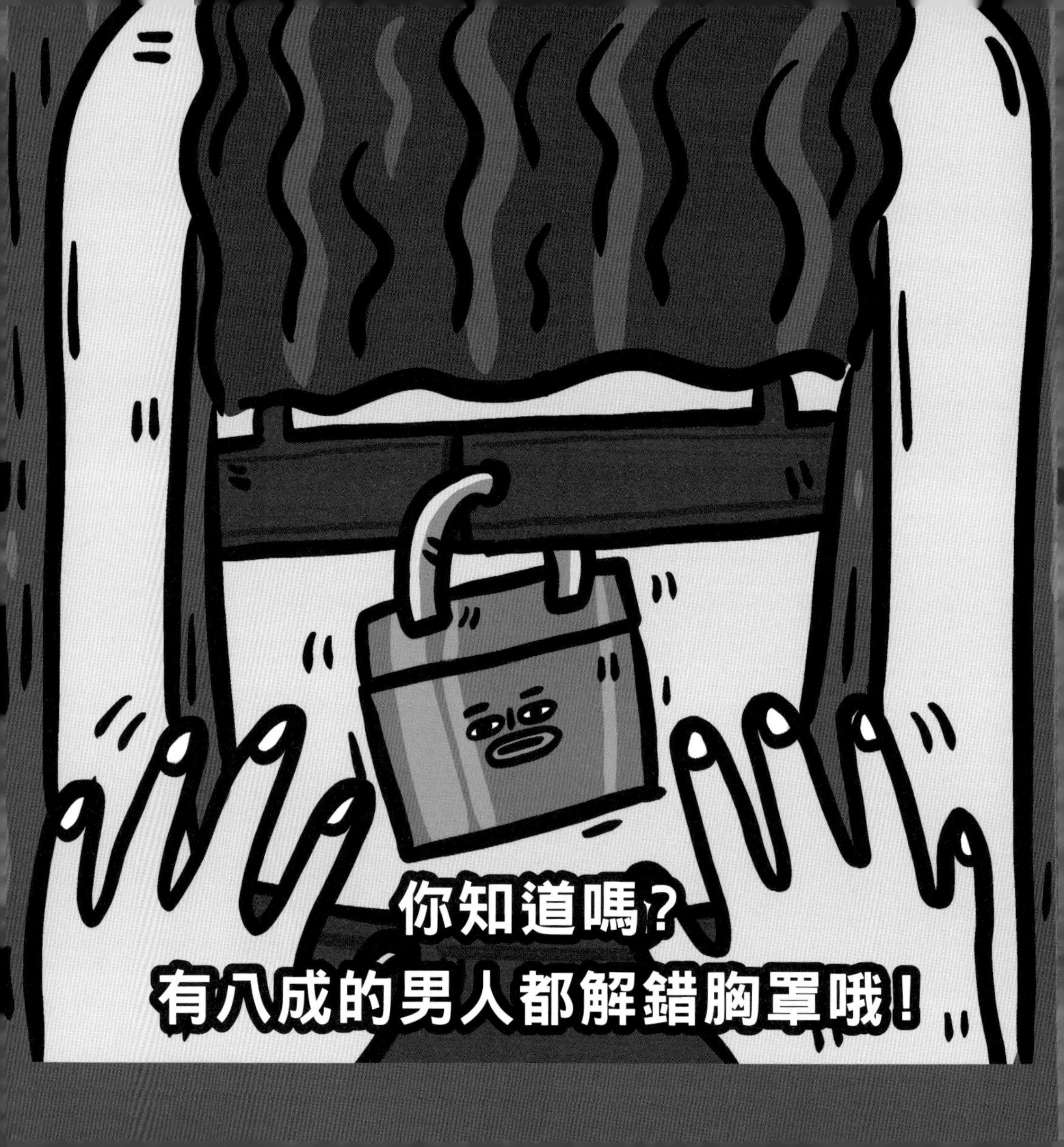
你知道嗎？
有八成的男人都解錯胸罩哦！

胸罩是女性的另一個好閨密，有時候讓人又愛又恨，尤其在夏天這個悶熱的季節，女生還得忍受濕濕黏黏的感覺，還有鋼圈及肩帶留下的勒痕……雖然越來越多女性開始不穿內衣，直接穿上附胸墊的衣服，但是胸罩還是有它的功用的，例如：發育需求、預防下垂、調整乳房不對稱、避免乳頭直接摩擦衣服受到刺激等等，研究發現，至少有25%的女性有乳房不對稱的問題，通常一邊大，另一邊小，也有廣大的女性有胸部外擴跟下垂的問題，而這些都得靠胸罩來提供外部支撐與保護，讓奶奶待好待滿，不會亂彈來彈去。

胸罩對女性來說是友好的，但對男性來說是不是一個小麻煩？做床上運動之前，會先進行讓手指頭扭到的解內衣步驟，應該讓不少男性心裡覺得很ＯＯＸＸ吧？研究發現，有八成的男性都解錯胸罩，最主要的原因是角度不對以及姿勢的問題，而且通常男生都不會仔細靠近看內衣背後的鉤子構造，只會手忙腳亂地瞎解一通。

如果說性愛能夠學習，解胸罩也是能透過練習來精通的！

正確步驟來了：
1.將你慣用的手用得溫暖一些。

2.將手慢慢伸到美背上撫摸。

3.確認扣帶位置。

4.大拇指抵住扣帶上的金屬勾勾往外推。

5.食指扣住另一邊扣子往內推。

6.放手。(都跟你說了放手～～～)

7.「啪！」恭喜解鎖成功。

●○● 我將抽一位粉絲，
　　　獲得人形模特兒與一副奶罩，在家偷偷練習速解內衣。

陰脣等私處變黑了，就像火鍋裡最愛的配料黑木耳，妹妹變成黑木耳就是「濫交」的結果的這個說法，讓很多尚未有性經驗的年輕女性遭受不白之冤。其實，女人的私密處變黑是非常正常的現象。

妹妹之所以會變黑有以下的因素：

1.遺傳原因：遺傳會影響到乳頭、大陰脣、小陰脣的顏色，所以跟是否有頻繁的性生活沒有太大關係。

2.性生活過於頻繁：進行性行為時，陰脣長期受到摩擦刺激，導致局部色素沉澱，色澤隨時間日漸加深，性刺激時賀爾蒙累積成黑色素。

那麼，如何讓黑木耳變白木耳呢？

1.注意清潔：性行為前後，用流動的清水洗淨，再加上自我清潔能力，其實是不需要額外的清洗劑。

2.寬鬆內褲：過於緊身不舒適的內褲，會造成妹妹擦傷，如果材質不透氣，更可能會細菌感染。

3.性行為時使用潤滑產品：使用潤滑液能減少摩擦，避免黑色素沉澱。

●○● 我將抽一位粉絲，貢獻你的黑木耳，幫火鍋加料。

真的很不公平，男人這麼賣力，女人卻可以瞞騙過去，還沒開始就叫對方停，使出各種嬌喘、眼神，簡直可以角逐金馬影后了。

不是每次的性愛都能獲得滿足，其實不是件需要太難過的事情，讓我們來了解其中的緣由。

在愛愛的過程中，女生要高潮其實是有難度的，而且女人在自慰時產生高潮的機率甚至還比與男性做愛來得高！專家就曾提出有68%的女人都曾經為了達到高潮而假裝高潮。

關鍵在哪？耶魯大學泌尿科醫生推測，G點其實只是陰蒂的延伸，性高潮的原因其實很複雜，很難準確知道有多少人可以達到陰道性高潮，因為其影響的因素很多，包括手淫、性愛技巧，甚至賀爾蒙分泌也會影響性高潮。陰道本身並沒有末梢神經，並不會有感覺，即使你狂插猛抽、多粗多猛都沒有辦法，因為陰道高潮的感覺來自陰蒂末梢神經的刺激，而傳遞感覺。

所以葉師父如果攻她中路不能性高潮，那就試試陰蒂吧！

●○● 我將抽一位粉絲，嘗試攻你陰蒂。

www.booklife.com.tw　　　　　　　　reader@mail.eurasian.com.tw

 073

解鎖尼的冷姿勢

作　　　者／尼胖
文字整理／徐雨薇
發 行 人／簡志忠
出 版 者／圓神出版社有限公司
地　　　址／臺北市南京東路四段50號6樓之1
電　　　話／（02）2579-6600・2579-8800・2570-3939
傳　　　真／（02）2579-0338・2577-3220・2570-3636
總 編 輯／陳秋月
主　　　編／賴真真
專案企劃／尉遲佩文
責任編輯／歐玟秀
校　　　對／歐玟秀・林振宏
美術編輯／林雅錚
行銷企畫／陳禹伶・林雅雯
印務統籌／劉鳳剛・高榮祥
監　　　印／高榮祥
排　　　版／陳采淇
經 銷 商／叩應股份有限公司
郵撥帳號／18707239
法律顧問／圓神出版事業機構法律顧問　蕭雄淋律師
印　　　刷／國碩印前科技股份有限公司
2021年6月　初版

定價 380 元　　　　ISBN 978-986-133-766-1

你知道嗎？上廁所看書會讓記憶力特別好哦！

——《解鎖尼的冷姿勢》

◆ **很喜歡這本書，很想要分享**

圓神書活網線上提供團購優惠，
或洽讀者服務部 02-2579-6600。

◆ **美好生活的提案家，期待為您服務**

圓神書活網 www.Booklife.com.tw
非會員歡迎體驗優惠，會員獨享累計福利！

國家圖書館出版品預行編目資料

解鎖尼的冷姿勢／尼胖 著.
-- 初版. -- 臺北市：圓神出版社有限公司，2021.06
240 面；16×16 公分. -- (Tomato；73)
ISBN 978-986-133-766-1（平裝）

1.科學 2.通俗作品

300   110005411

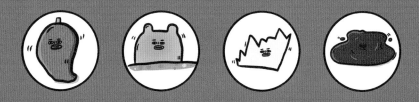